Gibt es einen „7. Sinn"?

Werner Müller

Gibt es
einen „7. Sinn"?

Außergewöhnliche Wahrnehmungen
und unglaubliche Fähigkeiten
von Menschen und Tieren aus der Sicht
der heutigen Lebenswissenschaften

 Springer

Werner Müller
Uni Heidelberg
Wiesenbach
Deutschland

ISBN 978-3-662-48812-6   ISBN 978-3-662-48813-3 (eBook)
DOI 10.1007/978-3-662-48813-3

Die Deutsche Nationalbibliothek verzeichnet diese Publikation in der Deutschen Nationalbibliografie; detaillierte bibliografische Daten sind im Internet über http://dnb.d-nb.de abrufbar.

Springer

Planung und Lektorat: Stefanie Wolf
Einbandabbildung: © deblik Berlin

Gedruckt auf säurefreiem und chlorfrei gebleichtem Papier

Springer Berlin Heidelberg ist Teil der Fachverlagsgruppe Springer Science+Business Media
(www.springer.com)

Inhalt

Worum geht es in diesem Buch? Was meint „Siebter Sinn"?

All überall ist seit dem Altertum (Aristoteles, vor ca. 2500 Jahren) von fünf Sinnen des Menschen die Rede, in Fernsehbeiträgen, Talkshows, Vorträgen von Medizinern für ein Laienpublikum, oft auch im Schulunterricht und in Büchern, die hohe Ränge in Bestsellerlisten erreicht haben (siehe Literaturliste am Ende dieses Buches). Da fällt es nicht schwer, diesen angeblich fünf Sinnen – Hören, Sehen, Riechen, Schmecken, Tasten – einen sechsten oder siebten Sinn hinzuzufügen. Dabei hat der Begriff des „siebten Sinnes" eine besondere Bedeutung in unserem Sprachgebrauch gewonnen, so in der früheren TV-Sendereihe *Der 7. Sinn*, die von 1966 bis 2005 ausgestrahlt wurde. In dieser Sendereihe wurde an erhöhte Aufmerksamkeit durch Voraussehen von Gefahrensituationen im Straßenverkehr appelliert. In vielen Berichten wird Tieren die Fähigkeit zuerkannt, Erdbeben, Vulkanausbrüche und andere Katastrophen vorauszusehen; und dies wird oft einem „sechsten" oder „siebten" Sinn zugesprochen, wobei der Ausdruck „der sechste Sinn" Sonderleistungen der Tiere zur Wahrnehmung äußerer Informationsquellen über uns nicht verfügbare Sinneskanäle meint. „Der siebte Sinn" hingegen meint in der deutschen Redensart Vorahnungen von drohendem Unheil über außersinnliche Wahrnehmungen. Die Ausdehnung des Begriffs „siebter Sinn" auf Hellsehen, das heißt dem Sehen ferner, eben jetzt stattfindender, zumeist unheilvoller Ereignisse, auf Vorahnungen, Voraussehen in die Zukunft (Präkognition), auf Gedankenübertragung über die Ferne (Telepathie), auf die behauptete Fähigkeit mancher Personen, Kontakt zu fernen oder verstorbenen Personen aufnehmen zu können, und auf andere angeblich oder nach dem gegenwärtigen Stand der Wissenschaft tatsächlich (noch) nicht erklärbare und daher geheimnisvolle Fähigkeiten hat den „siebten Sinn" zu einem Zentralbegriff der Esoterik gemacht. Dieser so verstandene „Siebte Sinn", hier in diesem Buch zum Unterschied zu normalen Sinnen großgeschrieben und mit Sonderzeichen („") eingerahmt, ist zum Inbegriff für „übersinnliche (paranormale) Wahrnehmung" geworden. Damit weitet sich der Bedeutungshorizont ins schier Unendliche. So manche Naturheilverfahren und die viel angewendete Homöopathie bauen auf naturwissenschaftlich nicht fassbaren Wirkprinzipien. Anthroposophen sehen Astralleiber, und manch religiöser Mensch ist überzeugt, aus dem Jenseits Wahrnehmungen und Botschaften zu erhalten. Der „Siebte Sinn" ist in das Nebelfeld in den Niederungen der Pendler, Kartenleger, Paragnosten, das heißt der ihre Dienste gegen Bezahlung anbietenden Wahrsager, Hellseher und Zukunftspropheten, und der „Medien jenseitigen Wissens" geraten.

In diesem Buch sollen biologisches Wissen, Noch-nicht-Wissen und einschlägige Glaubensüberzeugungen einander gegenübergestellt werden aus der Sicht eines naturwissenschaftlich orientierten Biologen, den Beruf und Erfahrung gelehrt haben, auch wissenschaftlich anmutende Aussagen kritisch zu hinterfragen.

Nun gibt es freilich zu all den Erlebnissen und Erfahrungen, die gemeinhin einem „Siebten Sinn" zugeschrieben werden, Schriften aller Arten, die an Zahl in die Hunderttausende gehen und die niemand alle lesen oder gar kritisch beurteilen kann. Literatur und Berichte zu diesen Themen sind unter Stichworten wie Psiphänomene, außersinnliche Wahrnehmung, englisch *ESP* (*extrasensory perception*), paranormal oder parapsychologisch zu finden. Ich beschränke mich in den Kapiteln über Telepathie bei Tieren und des Menschen auf Berichte, wie sie beispielhaft in den Büchern des englischen Bestsellerautors Rupert Sheldrake beschrieben sind; denn Sheldrake hat immerhin eine Ausbildung als Botaniker genossen, war zeitweise als Wissenschaftler an Universitäten angestellt, hatte sich aber nach einem Indienaufenthalt von der naturwissenschaftlichen Denkweise abgewandt und sich esoterischem Gedankengut und spirituellen Phänomenen geöffnet. Der traditionellen Naturwissenschaft und Weltsicht werden von ihm letztlich Irreführung oder gar Wahnvorstellungen unterstellt, wie der Titel seines Alterswerkes *Der Wissenschaftswahn* (im Original *Science Delusion*, 2012) explizit offenbart. Es geht hier jedoch nicht primär um eine kritische Beurteilung der Schriften Sheldrakes. Was er beispielsweise über „Quantenvakuumsfelder" oder „Nullpunktenergiefelder" (z. B. Sheldrake 2012, S. 138) schreibt, um seinen „morphischen Feldern" andeutungsweise eine gegenwärtigen physikalischen Theorien ähnliche Bedeutung zu verleihen, mögen Physiker beurteilen. Auch seine Aussagen über die Möglichkeit eines Perpetuum mobile und über Menschen, die jahrelang nur von Licht gelebt haben sollen (Sheldrake 2012, S. 98–114) bleiben hier ohne Kommentar. Hier geht es um die von ihm vorgelegten „umfangreichen Beweise" (Sheldrake 2011b, S. 24) für Telepathie, der Gedankenübertragung über Entfernungen und unter Umständen, welche Kommunikation über unsere biologischen Sinne nicht mehr möglich machen, und es geht um ähnliche, unerklärliche, doch nach seiner Aussage bewiesene Leistungen des menschlichen Geistes wie Hellsehen und das Vorhersehen zukünftiger Ereignisse im Traum. Solche Erscheinungen in Erwägung zu ziehen oder gar zu erforschen sei nach seiner Aussage von Tabus behindert, welche die institutionalisierte Wissenschaft über paranormale Erscheinungen verhänge.

Ein Bereich unseres Erlebens verdient indes Aufmerksamkeit eines jeden, der über Funktionen unseres Gehirns, über Geist, Empfindung, Bewusstsein und Wille (im Englischen als *mind*, in der Wissenschaft als Psyche oder mentale Phänomene zusammengefasst) nachdenkt. „So komplex die Standardtheorie [der Neurophysiologie] in physiologischer Hinsicht auch ist, vermag sie doch nicht Ihr unmittelbarstes und direktestes Erleben zu erklären" (Sheldrake 2011b, S. 26). Wie wahr! – wie Vertreter der „institutionalisierten, materialistisch-mechanistischen Wissenschaft" sehr wohl wissen. Die Grenzen naturwissenschaftlicher Erklärungsmodelle werden, wenn es um die Existenz mentaler Phänomene geht, auch in diesem Buch diskutiert werden. Es sei auf meine persönliche Ausführung hierzu in Kap. 12 verwiesen.

Worum geht es nicht? Es geht nicht darum, dem Leser Schulwissen beizubringen. Auch wenn „Biologie" nie auf dem Stundenplan des Schulunterrichtes stand, wird jedermann dieses Buch verstehen können. Wer das eine oder andere zur Funktion der Sinne vertiefen möchte, kann zu meinem/unserem einführenden Lehrbuch über Tier- und Humanphysiologie (Müller et al. 2015) greifen, dem auch, in vereinfachter Form, manche zeichnerischen Abbildungen dieses Buches entnommen sind, oder zu Sachbüchern und Zeitschriften, die für einen breiteren Leserkreis gedacht sind (z. B. Frings und Müller 2014; Gehirn & Geist *Spezial* 1/2011). Diese Bücher und Schriften sind ebenso wie Einzelbeiträge zu den besprochenen Themen am Ende des Buches aufgelistet.

Dem Neurologen Prof. Dr. Notger Müller, Deutsches Zentrum für Neurodegenerative Erkrankungen am Universitätsklinikum Magdeburg, verdanke ich Auskünfte zu Gehirnfunktionen. Mein herzlicher Dank gilt Frau Merlet Behncke-Braunbeck und Frau Stefanie Wolf vom Springer-Verlag Heidelberg, die dieses Werk wohlwollend entgegengenommen und seine Veröffentlichung in die Wege geleitet haben.

Im September 2015 Werner A. Müller
Silcherstr. 3, 69257 Wiesenbach

www.cos.uni-heidelberg.de
Werner A. Müller (Biologe) –Wikipedia
muellerwm@t-online.de

Der Autor

Werner A. Müller ist Professor an der Fakultät für Biowissenschaften der Universität Heidelberg und Autor mehrerer Springer-Lehr- und -Sachbücher

1

Die Sinne des Menschen

1.1 Wie viele Sinne hat der Mensch? Nach alter Tradition fünf, auch heute noch für den, der sich nicht selbst beobachtet und nachzählt

Vor nunmehr etwa 2500 Jahren hatte Aristoteles, der vielgerühmte Universalgelehrte und Lehrer an der Akademie in Athen, fünf Sinne des Menschen aufgezählt (Abb. 1.1):

1. Hören
2. Sehen
3. Riechen
4. Schmecken
5. Tasten

Tasten wird von manchen Autoren oder Rednern auch „Fühlen" genannt und wenn wir über diesen vieldeutigen Ausdruck „Fühlen" nachdenken, erahnen wir, welche Unsicherheiten auf uns zukommen. Fühlen wir nicht auch Schmerzen, Hunger und Durst? Sind Hunger und Durst

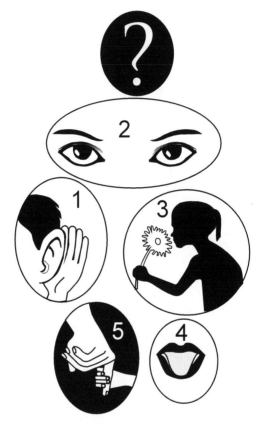

Abb. 1.1 Die Sinne des Menschen nach jahrtausendealter Tradition

Sinne oder nur „Allgemeingefühle" wie alte Lehrbücher der Medizin zu sagen pflegten, und manche Autoren heute noch sagen? Wir werden es sehen.

Wie auch immer, wenn selbst ausgebildete Biologen und Mediziner in Vorträgen vor großem Publikum und in Fernsehshows von fünf Sinnen sprechen, muss das doch sehr verwundern.

* Noch nie Kälte gespürt und gefroren?
* Noch nie angenehme Wärme oder schier unerträgliche Hitze gespürt und das Fenster des in der Sonne erhitzten Autos heruntergelassen?
* Noch nie Zahnschmerzen oder Bauchweh gehabt?
* Noch nie ein brennendes Gefühl im Auge verspürt, wenn man eine scharfe Zwiebel schneidet?
* Und eben auch: noch nie Hunger oder Durst verspürt?
* Noch nie Schwindelanfälle erlebt, etwa nach einer Karussell- oder Achterbahnfahrt, wenn sich die Welt um uns zu drehen scheint?
* Noch nie gespürt, dass manche Gegenstände schwer, manche leicht sind? Dass es treppauf oder treppab, bergauf oder bergab geht?
* Noch nie in Augenblicksschnelle gespürt, dass man zu fallen droht, und nie erlebt, wie man durch gekonntes Stolpern den Sturz vermeidet?
* Weiß man denn nicht, auch wenn es stockdunkel ist, wo einem der Kopf steht, ob die Arme ausgestreckt oder abgelenkt sind, wo sich die Hände befinden? Schließen sie mal kurz die Augen und halten eine Hand vor ihr Gesicht, ohne es zu berühren. Sie können zentimetergenau sagen, wo sie sich befindet; sie spüren es, irgendwie. Neurologen kennen ein einfaches Diagnoseverfahren: Man soll mit geschlossenen Augen mit dem Zeigefinger die Nasenspitze berühren. Warum wohl möchte der Arzt wissen, ob sie das unschwer können?

* Spürt man nicht auch mit verschlossenen Augen und im Stillstehen, wo oben und wo unten ist, und kann mit der Hand eine horizontale Linie (in die Luft) zeichnen? Spürt man nicht, ob man waagrecht liegt oder senkrecht steht? Haben wir vielleicht eine Art von Wasserwaage im Kopf?
* Hat uns gar, wenn wir frühmorgens stets zu selben Uhrzeit aufwachen, ein innerer Zeitsinn geweckt?

Diese lose, unsystematische und unpräzise Aufzählung unserer Fähigkeiten lässt schon erahnen: es gibt Sinne, die uns deutliche Wahrnehmungen und Erlebnisse vermitteln, wie Hören und Sehen, aber auch Sinne, die mit nur undeutlichen, uns kaum bewussten Wahrnehmungen verknüpft sind (wo ist oben, wo unten?). Schließlich gibt es, dies sei vorweg gesagt, Sinne, die keinerlei bewusste Wahrnehmungen vermitteln und deren Existenz uns normalerweise völlig unbekannt ist. Allenfalls bei rätselhaften Beschwerden wird der Arzt vermuten, dass ein innerer Sinn nicht mehr ordentlich funktioniert. Sind das denn überhaupt ‚richtige' Sinne, wenn sie uns keinerlei Empfindung vermitteln? Was ist ein Sinn im Verständnis eines Physiologen (der sich mit Funktionen von Organen befasst), eines Neurobiologen und eines Psychologen?

1.2 Was ist ein Sinn in der Sicht der Wissenschaft (Physiologie)?

Ein Sinn ist eine Einrichtung unseres Körpers, um Information aus der Außenwelt oder der Innenwelt des Körpers aufzunehmen, sie in die Sprache des Nervensystems zu übersetzen und im Nervensystem zu verarbeiten. Die Einrichtung Sinn ermöglicht es letztlich dem Körper, passend auf diese Information zu reagieren.

Die Quelle der Information heißt in der Alltagssprache und in Schulbüchern „Reiz". Das hat mit reizvollen oder aufreizenden Ereignissen ebenso wenig zu tun, wie die Begriffe „Energie" oder „Trägheit" in der Physik mit Ihrer starken oder fehlenden Willensenergie zu tun haben. „Reize" im Sinne der Physiologie sind physikalische Einwirkungen oder aufgefangene chemische Moleküle, die uns Information über Begebenheiten in der Außenwelt liefern oder über Zustände in unserem Körper, die geregelt werden müssen. Diese Information wird von Sinneszellen oder Sinnesorganen aufgenommen und in die Sprache des Nervensystems übersetzt. Die Sprache des Nervensystems sind elektrische Signale, oft, aber nicht immer zutreffend, auch elektrische Impulse genannt. Dazu kommen Signale chemischer Natur, welche Information von Nervenzelle zu Nervenzelle weiterreichen und Transmitter (Übermittler) genannt werden.

Am Informations-aufnehmenden Startort eines jeden Sinnes steht ein Rezeptor oder eine Gruppe von Rezeptoren. Ein Rezeptor (in Anlehnung an die Technik auch Sensor genannt) ist eine Sinneszelle, welche spezifisch auf den Empfang eines bestimmten Reizes, beispielsweise auf den Empfang von Licht, eingerichtet ist (Abb. 1.2). Sie codiert den Informationsgehalt des Reizes, speziell seine Stärke (im Falle von Licht die Lichthelligkeit, physikalisch die Photonenstromdichte) und den zeitlichen Verlauf der Reizstärke, indem sie im Empfangsbereich eine mehr oder minder hohe elektrische Spannung (ein sogenanntes lokales Potential) aufbaut und alsdann entlang ihrer weiterleitenden Faser Serien sehr kurzer elektrischer Signale (Impulse, Spikes

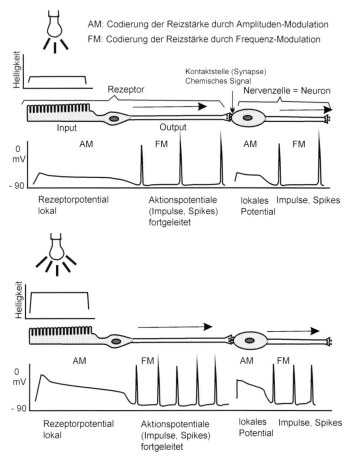

Abb. 1.2   Eine Sinneszelle. AM: Codierung der Reizstärke, hier der Helligkeit, durch Amplitudenmodulation, d. h. die Höhe der elektrischen Spannung (des Potentials) zwischen Zellinnerem und Zelläußerem ändert sich mit der Reizstärke. FM: Codierung der Reizstärke durch Frequenzmodulation. Die Frequenz (Anzahl pro Sekunde) der über die weiterleitende Faser laufenden Impulse (Aktionspotentiale) ändert sich mit der Reizstärke. Nach Müller et al. 2015, verändert.

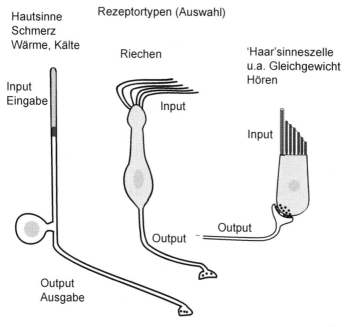

Abb. 1.2 (Fortsetzung)

oder Aktionspotentiale genannt) zu einer empfangsbereiten Nervenzelle schickt. In diesen Fernleitungsstrecken steckt die Information in der Frequenz, das heißt in der Anzahl solcher pro Sekunde losgeschickter Signale, und diese kann bis zu 1000 pro Sekunde betragen.

Zum Begriff Sinn in seiner Gesamtheit gehört auch die Auswertung der Signale im Zentralnervensystem, Perzeption genannt.

1.3 Warum sogar die Sinne des Menschen noch unvollständig erforscht und nicht alle bekannt sind

Für Außenstehende mag es unbegreiflich sein, dass viele Sinneszellen noch gar nicht bekannt und somit die Zahl unserer Sinne noch nicht vollständig aufgelistet werden kann. Auch von bekannten Sinneszellen ist oft ihr voller Funktionsbereich noch nicht erfasst, folglich kann der volle Umfang der von unseren Sinnen aufgenommenen und aufgearbeiteten Information noch nicht abgeschätzt werden. Unser Wissen ist noch arg lückenhaft. Um das vermeintliche Unvermögen oder die vermeintliche Nachlässigkeit der forschenden Wissenschaftler zu verstehen, sollte man dem Labor eines Neurophysiologen einen Besuch abstatten und sich in groben Zügen erklären lassen, wozu die Gerätschaften da sind.

Der Wissenschaftler führt den Besucher zu einem schwingungsgedämpften, mit einer schweren Steinplatte abgedeckten Tisch, auf dem allerlei Gerätschaften stehen, und den er Messstand nennt. Im Zentrum seines Messstandes steht ein Mikroskop mit angeschlossener Videokamera (Abb. 1.3). Der Wissenschaftler erklärt: Sinneszellen sind unvorstellbar winzig, sogenannte freie Nervenendigungen haben einen Durchmesser von einem bis wenigen Tausendstel eines Millimeters; sie sind im Gewebe verborgen, müssen gänzlich unverletzt freigelegt und mit physikalischen Gerätschaften abgehorcht werden, die sehr geringe elektrische Spannungen oder Stromstärken störungsfrei messen können. Die Elektroden zum Abgreifen der Span-

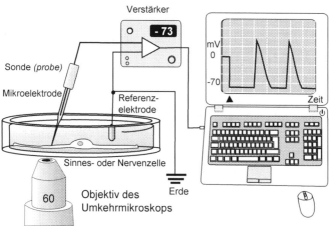

Abb. 1.3 Messstand eines Sinnesphysiologen (bzw. Neurobiologen). Unten: Essenzielle Teile separat gezeichnet. Nach Müller et al. 2015, verändert.

nungen oder Ströme sind feinste, flüssigkeitsgefüllte Glaskapillaren mit einer Öffnung an ihrer Spitze von ca. einem Tausendstel Millimeter Durchmesser. Um solch hauchfeine, sehr leicht abbrechende Spitzen an eine Sinneszelle heranführen zu können, braucht man Mikromanipulatoren, das sind mit einem Getriebe (und in Komfortausführungen mit kleinen Elektromotoren) bestückte Metallapparaturen, die unsere groben Handbewegungen in winzige Bewegungen der Glaskapillaren untersetzen. Auf der Tischplatte des Messstandes und in seiner Nachbarschaft stehen elektronische Gerätschaften allerlei Art, welche die elektrischen Eigenschaften und Reaktionen der Sinneszelle hochgradig verstärken, umweltbedingte Störungen herausfiltern, und die echten Signale auf dem Bildschirm eines Computers sichtbar machen.

Und nun bringen Sie eine solche umfangreiche Einrichtung in den Mundraum einer Versuchsperson, suchen die im Gaumendach vermuteten, in der Schleimhaut eingebetteten winzigen Geschmackssinneszellen und legen diese unverletzt frei, sodass Sie die Elektroden mit den Manipulatoren heranführen können. Die Versuchsperson dürfte nicht einmal narkotisiert sein; denn die Sinneszellen und anschließenden Nervenzellen müssen voll funktionieren, und die Person sollte ihnen sagen, welchen Geschmack sie verspürt, wenn ein Geschmacksstoff auf das Gaumendach aufgetragen wird. Oder bringen Sie den Fuß eines hellwachen Elefanten unter ein Mikroskop, um im Gewebe verborgene winzige Sinneszellen zu suchen und zu untersuchen! Nun sollte Ihnen verständlich sein, warum man die vermuteten, hochempfindlichen Vibrationsrezeptoren im Fuß eines Elefanten noch nicht kennt, jene Rezeptoren, mit denen er Erdschall und damit vermutlich auch die schwachen Vorerschütterungen des Erdbodens vor einem Erdbeben erspürt. So bleibt noch Raum für einen „Siebten Sinn".

Immerhin, mit vielerlei, oft sehr indirekten Methoden hat man im Laufe von Jahrzehnten doch ein umfangreiches Wissen ansammeln können. In der Regel werden Sinneszellen isoliert, oder noch eingebettet in kleinen Gewebestückchen, aus dem Sinnesorgan herausgetrennt, in kleine Schälchen gebracht, mit Nährlösung versorgt und einem passenden Gasgemisch überströmt, und so unter das Mikroskop des Messstandes geschoben und untersucht. Allerdings weiß man bei dieser Technik nicht, was das Nervensystem mit diesen Signalen anfangen würde oder gar, ob diese Signale eine Empfindung auslösen können.

Eine andere Methode ist es, die während einer chirurgischen Operation zugänglichen Nerven anzuzapfen und ihre elektrischen Aktivitäten zu registrieren oder auf die Kopfhaut einer Versuchsperson Elektroden aufzusetzen und mit Elektroenzephalografen das EEG, die sogenannten Hirnströme, aufzuzeichnen. Auf welche Reize reagieren die befragten Nerven oder sensorische Gehirnareale mit der eigenen Erzeugung elektrischer Signale? Können beispielsweise elektrische Aktivitäten des Trigeminusnerven (siehe Abb. 1.10) oder des Gehirns erfasst werden, wenn dem Geschmacksinn diese oder jene Substanz angeboten wird?

Weitere arbeitsaufwändige Technologien werden in Angriff genommen und ausprobiert. Bei der Suche nach den verschiedenen Arten von Riechsinneszellen und deren Verteilung auf der Riechschleimhaut der Nase kam die Molekularbiologie zu Hilfe. Man hat sich von der Vorstellung leiten lassen, das Einfangen eines Duftmoleküls sei gleichzusetzen mit dem Einfangen eines Hormons durch

einen Empfänger. Die Zielzellen der Hormone in unserem
Körper sind mit Oberflächenproteinen ausgestattet, die als
Antennen dienen und die Hormonmoleküle einfangen.
Man suchte im Erbgut (zuerst mal von Mäusen) nach Genen,
welche die Information zur Biosynthese von Hormon-
antennen enthalten. So konstruierte man hoffnungsvoll eine
Gensonde für das Antennenprotein, welches das Hormon
Adrenalin einfängt. Eine Gensonde ist ein großes Molekül
(RNA oder cDNA), das es ermöglicht, im Erbgut (Genom)
nach ähnlichen Genen zu fahnden, weil sich die Sonde mit
ihr ähnlichen Genen paaren kann. Man fand Tausende von
infrage kommenden Genen und konnte alsdann in müh-
samer, jahrelanger Arbeit herausfinden, in welchen Riechzellen jedes einzelne dieser Gene eingeschaltet wird. So
sind Tausende verschiedenartiger Riechzellen identifiziert
worden. Damit weiß man aber noch lange nicht, wie bestimmte Riechempfindungen zustande kommen. Dies alles
hier näher auszuführen, würde diesen Überblick zu einem
mehrbändigen Werk anschwellen lassen. Jedenfalls sollte
einsichtig geworden sein, dass es noch große Wissenslücken
gibt und möglicherweise immer geben wird.

Solche Wissenslücken sind Freunden des Geheimnisvollen und Anhängern der Esoterik willkommener Anlass,
einen unkörperlichen, rein geistartigen „Siebten Sinn" anzunehmen und den Medien als Ersatz für fehlendes Wissen
anzubieten.

Unser Ziel. Wie schon im Vorwort gesagt, ist es nicht
Ziel dieses Buches, dem Leser Biologieunterricht zu er-
teilen, vielmehr geht es vornehmlich um außergewöhnliche Leistungen der Sinne des Menschen und von Tieren,
welche von Anhängern paranormaler Erscheinungen und
Leistungen mit einem „Siebten Sinn" in Verbindung ge-

bracht werden. Da Schulwissen nicht, oder nur ausschnittsweise, zum Verständnis der Untersuchungen, die dem „Siebten Sinn" nachspüren, erforderlich ist, werden wir im Weiteren nicht alle unsere Sinne eingehend vorstellen. Wir verschaffen uns nur einen summarischen Überblick, zeigen Wissenslücken auf und weisen auf Unerklärliches und Geheimnisvolles hin, was die Existenz eines „Siebten Sinnes" nahezulegen scheint. Wir beginnen mit einer Auswahl innerer Sinne, die im Allgemeinen nicht oder kaum bekannt sind.

1.4 Sinne zur Regelung innerer Funktionen; sie bleiben uns unbewusst, mit Ausnahmen: Auch Hunger und Durst sind Sinne!

Wer seinen Blutdruck messen lässt oder ihn zu Hause selbst misst, wird verwundert zur Kenntnis nehmen, dass unser Körper eigene, innere Blutdruckmessgeräte besitzt. Sie befinden sich in der Wand der Herzvorhöfe, im Aortenbogen, dem großen Blutgefäß, das das Blut aus dem Herzen hinaus in den Körper leitet und im Rhythmus des Herzschlages an- und abschwillt, und an einer Gabelung unserer Halsschlagadern (Abb. 1.4); dort stehen sie im Dienst der Regelung der Blutzufuhr zum Gehirn. Andere Blutdrucksensoren befinden sich in den Nieren und stehen dort im Dienst der Regelung des Blutdruckes, der auf die Miniaturfilterorgane der Nieren wirkt. Weitere innere Messfühler (Endorezeptoren) messen den Kohlenstoffdioxid-Gehalt (CO_2-Gehalt) des Blutes, was der Regelung der Atmung

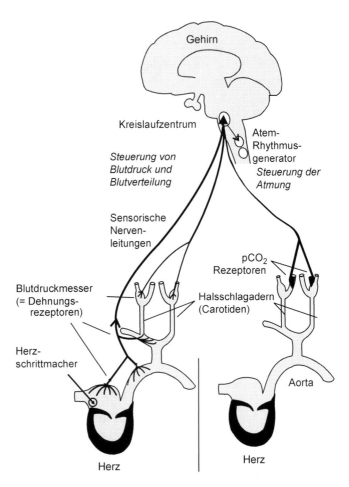

Abb. 1.4 Blutdruckrezeptoren im Herzvorhof, am Aortenbogen (Hauptblutgefäß zur Versorgung des Körpers) und an den Halsschlagadern. An der Gabelung der Halsschlagadern befinden sich zudem Sensoren zur Messung des Kohlenstoffdioxid-Gehaltes des Blutes. Nach Müller et al. 2015; verändert.

zugutekommt; denn venöses Blut ist mit CO_2 angereichert und das muss über die Lunge entsorgt werden.

Eine zentrale Bedeutung bei der Regelung des Stoffwechsels kommt einem Bezirk des Gehirns an seiner Unterseite zu, den man Hypothalamus nennt. In dieser Region gibt es Neurone (= Nervenzellen), welche den Blutzuckerwert (Blutzucker = Traubenzucker = Glucose) messen (Abb. 1.5). Registrieren diese Neurone eine Unterzuckerung des Blutes, alarmieren sie über elektrische Signale und über ein chemisches Signal (das Neurohormon NPY) benachbarte Gehirnareale; diese generieren Gefühle des Hungers und regen den Appetit auf süße Glucose an (Hussein et al. 2015). Über ein Gegensystem werden bei ausreichend hohem Blutzuckerwerten Gefühle der Sättigung generiert (Verberne et al. 2014). In diesem Regelgeschehen werden vom Regelzentrum des Gehirns auch noch Meldungen von Sensoren aus dem Bereich des Magens und des Darmes berücksichtigt, Sensoren, die beispielsweise den Dehnungszustand und damit den Füllungszustand des Magens registrieren (Abb. 1.5). Die Kriterien eines Sinnes sind voll erfüllt: Es gibt Sinneszellen als Blutzuckersensoren und ihre Meldungen werden vom Gehirn genutzt, um unser Verhalten zu steuern. Je nach den ermittelten Messwerten empfinden wir Hunger, suchen Nahrung und haben Appetit auf Essen, oder wir sind satt und pflegen der Ruhe.

Auch Durst ist ein Gefühl, dem ein Sinn zugrundeliegt. Messwert ist der sogenannte osmotische Wert des Blutes – in grober Annäherung ein physikalischer Wert, der den Wassergehalt des Blutes widerspiegelt. Anders gesagt: salzreiches und dickflüssiges Blut löst über eine Wirkungskette mit Sensoren und vielen Nervenzellen das Gefühl des Durstes aus, und dieses Gefühl soll uns bewegen, Wasser zu

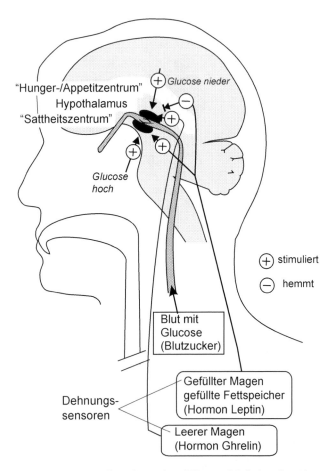

Abb. 1.5 Messung des Blutzucker-(Glucose-)Gehalts des Blutes. Sensoren sind Neurone im Hypothalamus des Gehirns, dem Zentrum der Stoffwechselregulation im Gehirn (Hussain et al. 2015). Messen sie einen zu niederen Glucosewert, werden Zentren aktiviert, die das Gefühl des Hungers erzeugen; bei hohen Glucose-Gehalt wird Sattheit erzeugt. Vereinfachend werden Hunger- und Sattheitszentrum als getrennte Bereiche angenommen; beide sind Teile des Hypothalamus. Außer dem Glucosegehalt des Blutes spielt der Dehnungszustand des Magens für die Erzeugung des Hungergefühls eine wichtige Rolle. Nach Müller et al. 2015; verändert.

suchen und zu trinken. Wo überall im Körper Osmosensoren liegen, ist noch unzureichend bekannt. Es gibt welche in der Niere, in der Leber und auch im Hypothalamus, der Stoffwechselzentrale im Gehirn (Knepper et al. 2015). Dort wird zudem von Warmneuronen die Bluttemperatur gemessen; dies aber, ohne dass wir etwas empfinden würden.

Auch unter Physiologen und Medizinern ist wenig bekannt, dass unser Verdauungstrakt zahlreiche Sensoren enthält, welche die Zusammensetzung der Nahrung erforschen, beispielsweise ihren Fettanteil, und die den Verdauungsfortschritt überwachen. Sensoren in der Niere kontrollieren die Zusammensetzung des Blutes und des Harns im Dienst der Regelung unseres Wasserhaushaltes und der Konzentration gelöster Substanzen. Nichts davon dringt in unser Bewusstsein.

1.5 Innere Sinne zur Registrierung der Position und Bewegung unserer Körperteile; sie vermitteln nur undeutliche Wahrnehmungen und Empfindungen

Nun geht es darum, wie wir unseren Körper empfinden und kontrollieren. Es gibt Muskelspindeln, das sind ca. einen Millimeter lange Sensoren innerhalb der Muskeln, welche in jedem Moment dem Gehirn melden, auf welche Länge der Muskel gedehnt ist; nur so kann das Gehirn passende Signale zur Auslösung und Kontrolle von Bewegungen generieren. Es gibt Sensoren, welche die Spannung der Sehnen messen und solche, welche die Winkelstellung der Gelenke registrieren (Abb. 1.6). Es ist zu vermuten, dass

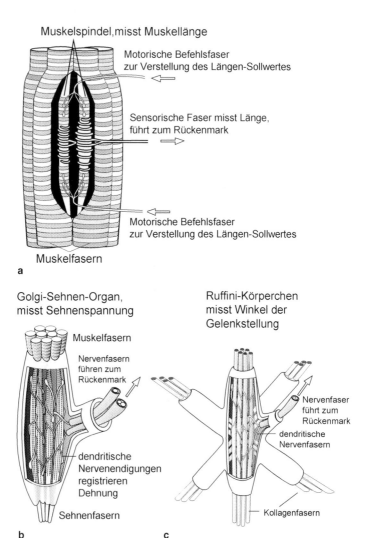

Muskelspindel, misst Muskellänge

Motorische Befehlsfaser
zur Verstellung des Längen-Sollwertes

Sensorische Faser misst Länge,
führt zum Rückenmark

Motorische Befehlsfaser
zur Verstellung des Längen-Sollwertes

Muskelfasern

a

Golgi-Sehnen-Organ,
misst Sehnenspannung

Muskelfasern

Nervenfasern
führen zum
Rückenmark

dendritische
Nervenendigungen
registrieren
Dehnung

Sehnenfasern

b

Ruffini-Körperchen
misst Winkel der
Gelenkstellung

Nervenfaser
führt zum
Rückenmark

dendritische
Nervenfasern

Kollagenfasern

c

Abb. 1.6 Sensoren zur Registrierung der Muskellänge, der Sehnenspannung und der Gelenkstellung; letztere sind in die Gelenkkapseln integriert. Nach Müller et al. 2015; verändert.

diese, zur Klasse der Propriorezeptoren (lateinisch *proprius* = eigen) zählenden Sensoren in Kooperation mit den Tastsinnen es uns ermöglichen, die Schwere eines Gegenstandes wahrzunehmen und auch im Dunkeln festzustellen, ob wir treppauf oder treppab gehen.

Dann gibt es die paarigen Labyrinthe, auch Vestibular-Apparate genannt, komplexe Sinnesorgane im Inneren unseres Schädels sehr nahe den beiden Gehörorganen. Einzelne Unterorgane des Apparates sind die je zwei (im aufrechten Kopf) senkrecht und waagrecht ausgerichteten Maculae (nicht zu verwechseln mit den Maculae der Augen); diese Maculae des Innenohres ermöglichen es uns, die in Richtung zum Erdmittelpunkt gerichtete Erdschwerkraft (Gravitation) und im rechten Winkel dazu die Horizontale festzustellen; sie wirken gewissermaßen als Bleilot und als Wasserwaage, wie sie der Maurer benutzt (oder benutzen sollte). Die Maculae ermöglichen es dem Körper, unten von oben zu unterscheiden, den Meereshorizont als waagrechte (oder leicht gekrümmte) Linie wahrzunehmen und sie ermöglichen es uns, jede Neigung des Kopfes zu registrieren. Tiere und menschliche Babies versuchen, reflektorisch Hals und Kopf so zu drehen, dass die Augen waagrecht ausgerichtet bleiben und das Blickfeld stabil bleibt (Abb. 1.7). Die Maculae registrieren eine einsetzende Fallbewegung und veranlassen augenblickliche Korrekturen des Körpers, die wir als Stolpern empfinden. Man spricht von einem Lage- oder Gleichgewichtssinn. Die Maculae ermöglichen es uns darüber hinaus, in Kooperation mit dem Tastsinn, die plötzliche Beschleunigung des Autos zu registrieren.

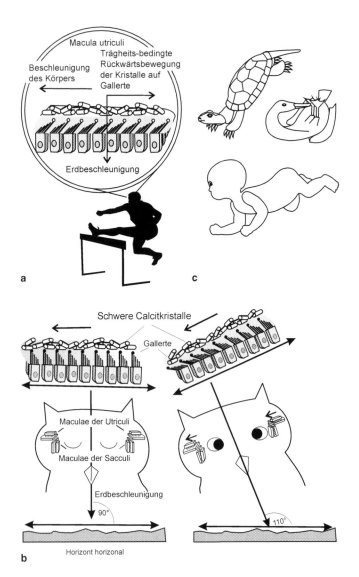

Abb. 1.7 Maculae des Labyrinths (= Vestibularapparat) als Teil des Gleichgewichtssinnes. Einer wabbeligen Gallertunterlage

Ein weiteres Unterorgan des Labyrinths sind die Bogengänge, die Drehbewegungen registrieren (Abb. 1.8). Sie sind im Spiel, wenn uns nach der Karussell- oder Achterbahnfahrt Schwindelgefühle befallen und sich scheinbar die Welt um uns dreht. Medizinisch von besonderer Bedeutung sind Fehlfunktionen des Drehsinnes, die zu Schwindelattacken und irritierenden Drehempfindungen Anlass geben. Der Facharzt diagnostiziert oft nicht eine Fehlfunktion der Bogengänge selbst, sondern des zum Gehirn führenden Nerven oder eine Fehlfunktion bei der Verarbeitung seiner Meldungen im Gehirn. Ein Sinn ist eben eine Funktionseinheit, die auch komplexe Tätigkeiten des Zentralnervensystems (Rückenmark + Gehirn) einschließt.

Schließlich gibt es im Körperinneren auch hier und dort Schmerzsensoren, die lokale Schäden und Entzündungen anzeigen und uns Gelenkschmerzen, Muskelschmerzen oder Bauchgrimmen als schmerzlich wahrnehmbare Erlebnisse vermitteln.

---

liegen schwere Kalkkristalle auf. Diese bleiben aufgrund ihrer Trägheit relativ zurück, wenn der Körper vorwärts beschleunigt wird oder sie verlagern sich, wenn der Kopf sich zur Seite neigt. Dabei kommt es zur Ablenkung der Miniröhrchen („Haare") auf den Sinneszellen, worauf diese elektrische Signale erzeugen. Vereinfachend sind hier die horizontalen Maculae heraus vergrößert. Das Gleichgewichtsorgan ist maßgeblich beteiligt an der instinktiven Kopfhaltung von Tieren und menschlichen Babies. Nach Müller et al. 2015, verändert.

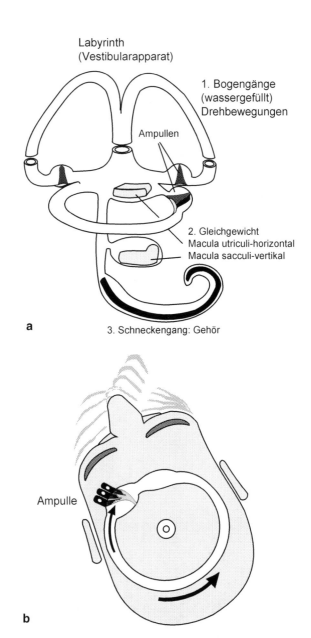

Labyrinth
(Vestibularapparat)

1. Bogengänge
(wassergefüllt)
Drehbewegungen

Ampullen

2. Gleichgewicht
Macula utriculi-horizontal
Macula sacculi-vertikal

a

3. Schneckengang: Gehör

Ampulle

b

Abb. 1.8 Bogengänge als weiterer Teil des Labyrinths. **a** Wir haben zwei Bogengangsysteme, einen links und einen rechts im

1.6 Tastsinne, weitere Hautsinne, und die Wahrnehmung des eigenen Körpers als ICH

In die Außenwelt gerichtete Sinne vermitteln bewusste Wahrnehmungen und Daten zur Konstruktion der Außenwelt in unserem Geist, aber auch zur Konstruktion unseres ICH in Abgrenzung zur Umwelt.

Es wird im Titel zu diesem Abschnitt mit Absicht von Tastsinnen in der Mehrzahl gesprochen; denn wenn man die zahlreichen, besonders in den Lippen und den Fingerkuppen zu findenden Sensoren näher unter die Lupe nimmt und ihre elektrischen Signale als Antworten auf verschiedenartige Reize registriert, wird man gewahr, dass es eine Reihe sehr verschiedener Rezeptoren gibt, die den Sinn des ‚Fühlens‘ vermitteln (Abb. 1.9).

* *Mechanosensoren:* In der Gruppe der Sensoren, die auf mechanische Einwirkungen reagieren, unterscheidet man Berührungsrezeptoren, die nur kurze Zeit auf leise Berührungen reagieren; sie sind so empfindlich, dass wir mit den Fingerspitzen Unebenheiten von wenigen Hunderstel eines Millimeters fühlen, weiterhin gibt es Druckrezeptoren, die länger anhaltend auf stärkere Verformung der Haut reagieren und Vibrationsempfänger, die es dem Geigenspieler und Cellisten ermöglichen, die

---

Schädel. Jedes System besteht aus drei Bogengängen, zwei in vertikaler und einer in horizontaler Orientierung. b Ein horizontaler Bogengang heraus vergrößert. Bei plötzlicher Drehung des Kopfes bleibt die Flüssigkeit im Gang relativ zurück; es bildet sich in der Ampulle ein Staudruck, den die Sinneszellen der Ampulle registrieren. Nach Müller et al. 2015; verändert.

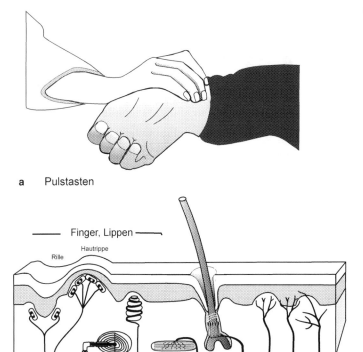

a Pulstasten

—— Finger, Lippen ——

Hautrippe

Rille

Druck,
Form, Textur, Vibrationen Berührung, Hautspannung, Berührung, Kalt- Warm- Schmerz
                           Bewegungen Hautverschiebung Bewegungen Rezeptor

⎣_____ Tastsinn(e) _____⎦ ⎣__ Temperatursinn(e) __⎦

b Hautsinne

Abb. 1.9 Tastsinne und weitere Hautsinne. a neue Zeichnung. b Nach Müller et al. 2015; verändert.

Vibrationen der Saiten seines Instrumentes wahrzunehmen. Vibrationsrezeptoren vieler Tierarten sind sehr viel empfindlicher als die des Menschen und ermöglichen es diesen Tieren, die uns nicht wahrnehmbaren Vorerschütterungen vor einem starken Erdbeben wahrzunehmen.

Wir finden in der Haut weiterhin

* *Kaltrezeptoren,* welche Wärmeentzug registrieren, und
* *Wärmerezeptoren,* welche Zufuhr von Wärme registrieren.

 Man beachte: Kälte- und Wärmempfindungen werden durch zwei verschiedene Sinne vermittelt. Wir haben keine Thermometer, die auf ein und derselben Skala hohe und tiefe Temperaturen anzeigen. Unserem Körper kommt es darauf an, ob er Wärmeenergie verliert, oder ihm Wärmeenergie zufließt. Wir können auch mit verbundenen Augen sogleich spüren, ob wir Wärme-leitendes Metall, oder Wärme nur sehr schlecht leitendes Holz anfassen. Ist unsere Körpertemperatur höher als die Temperatur des angefassten Gegenstandes, fühlt sich Metall kalt an, weil es Körperwärme ableitet, Holz der gleichen Temperatur dagegen fühlt sich eher warm an. Hat umgekehrt das Metall eine höhere Temperatur als unser Körper, fühlt es sich heißer an als Holz gleicher Temperatur, weil Metall Wärme auf unserer Körper fließen lässt
* *Schmerzsensoren.* Schließlich enthält die Haut auch zahlreiche Schmerzfasern, welche in unspezifischer Weise auf schädigende Einflüsse reagieren und uns kundtun, wo wir etwas zur Behebung des Schadens unternehmen sollten.

Seltsam mag es dem Außenstehenden erscheinen, dass man die sinnliche Basis so mancher alltäglicher Empfindungen der Haut noch nicht kennt, nicht einmal die Natur des Reizes definieren kann. Warum fühlt sich dieses nass oder feucht, anderes trocken und rau, wieder anderes glatt oder schmierig an?

ICH-Wahrnehmung Von psychologisch großer Bedeutung und medizinischer Tragweite ist die Erkenntnis, dass die Hautsinne wesentlich dazu beitragen, den eigenen Körper als Teil unseres Selbst, unseres ICHs, zu empfinden. Die Sensoren der Hautsinne liegen nahe der Körperoberfläche, ihre Meldungen geben dem Zentralnervensystem Kunde über die Grenzen unseres Körpers zu seiner Umgebung hin.

Neurologen haben mehrere Gehirnregionen identifiziert, die an der Integration der von den verschiedenen Arealen der Haut einlaufenden Meldungen zu einem Gesamtbild beteiligt sind. Genannt werden der Schläfenlappen sowie einige tiefer liegende Regionen des Gehirns. In dieses Gesamtbild gehen auch Meldungen der Augen ein (Ionta et al. 2011; Heydrich und Blanke 2013; Becke et al. 2015). Sie werden im Gehirn zusammengeführt, um unser SELBST, unser ICH zu konstruieren.

Von verblüffenden Versuchen zur Frage „Wer bin ich?" werden wir in den Kap. 2 und 11 erfahren. Sie werfen die Frage auf, ob unser ICH, unsere Seele, den Körper verlassen, in einen anderen Körper schlüpfen oder außerhalb eines Körpers existieren kann. Beispielsweise werden wir von Experimenten des schwedischen Forschers Henrik Ehrsson (2007) erfahren, dessen Versuchspersonen den Eindruck gewannen, eine im Videobild gesehene Schaufensterpuppe sei zu ihrem eigenen Körper geworden.

Die Grenzen des Körpers brechen auch bei Störungen auf, die als außerkörperliche Wahrnehmungen, englisch *out-of-body experiences,* bekannt geworden sind und viel Aufsehen erregen; denn bei diesen Erlebnissen scheinen sich die Grenzen des physischen Körpers aufzulösen, Empfindungen und Geist den Körper zu verlassen. In mystischen Trancezuständen soll ein grenzenloses Eins-sein mit der Umwelt oder dem ,Göttlichen' erlebbar werden. Auf diese seltsamen Erscheinungen gehen wir im Kap. 11 ein.

1.7 Das Schmecken, lange durch ein Dogma zu einem dürftigen Sinn degradiert

Der Sinn des Schmeckens oder Geschmackssinn wird als Nah- oder Kontaktsinn klassifiziert, der eingesetzt wird, um die Qualität der Nahrung beurteilen zu können. Wie vielfältig ist doch die potenzielle Nahrung, man denke nur an die vielen Früchte, Beeren, Kräuter, an Fische und an Wildbret. Und da sollen nach altem Glauben vier Geschmacksqualitäten genügen: süß, sauer, salzig und bitter? Alle weiteren Geschmacksempfindungen seien Mischqualitäten wie süß-sauer.

> Man nehme Kochsalz, Zucker, Chinin [die Standard-Bittersubstanz] und Salzsäure (aber nicht Zitronensäure) und mixe ein Getränk, das nach Zitrone schmeckt! Wer ein Rezept gefunden hat, teile es mir bitte mit (Der Autor dieses Buches).

Nach langem Sträuben fand sich der eine oder andere Lehrbuchautor bereit, Japanern als fünfte Geschmacksqualität *umami* (= köstlich, herzhaft) zuzubilligen. Wir schmecken *umami* auch, wenn vielleicht auch nicht so intensiv wie ostasiatische Völker. Es ist der herzhafte Geschmack einer

Fleischbrühe und wird u. a. durch die Aminosäure Glutaminsäure hervorgerufen, die in allen lebenden Organismen vorkommt und unverzichtbar ist. Glutaminsäure, aus
gewissen chemischen Gründen auch Glutamat genannt,
kommt natürlicherweise reichlich in Fleisch und anderen
proteinreichen Nahrungsmitteln wie Parmesan und sogar
in der Muttermilch vor. Da diese Aminosäure, besonders in
Form ihres Salzes Natriumglutamat, auch hierzulande dem
Mahl köstlichen Geschmack verleiht, wird Glutamat vielen
Gewürzmischungen, Fertigsoßen und Fertiggerichten beigemischt. Weil wir jedoch nach altem Dogma nur vier Geschmacksqualitäten haben dürfen, heißt die Substanz bei
uns „Geschmacksverstärker". Als ob nicht auch Kochsalz,
Zucker und Gewürze wie Pfeffer Geschmacksverstärker wären!

Nur vier bis fünf Geschmacksqualitäten mögen ja für
die Papillen auf unserer Zunge (Abb. 1.10) gelten; ihre
elektrischen Signale sind nicht allzu schwer mit Elektroden abzugreifen. Wie ist das aber in anderen Bereichen des
Mundraums, am Gaumen etwa, der Gaumenfreuden verspürt, wenn Sie beim Italiener zehn verschiedene Eissorten
genießen. Gewiss mit Aromen angereicherte Eissorten duften, nach Himbeeren oder Erdbeeren beispielsweise, und
beim Zergehen der Eiscreme im Mundraum gelangen gas-
förmig entweichende (flüchtige) Aromen über den hinteren
Rachenraum hoch zur Riechschleimhaut der Nase. Doch
nicht alle Eissorten können mit der Nase identifiziert werden, beispielsweise nicht Eis, das Zitronensäure oder eine
andere, nicht-flüchtige Fruchtsäure enthält (es sei denn,
es seien auch noch flüchtige Aromastoffe der Frucht, wie

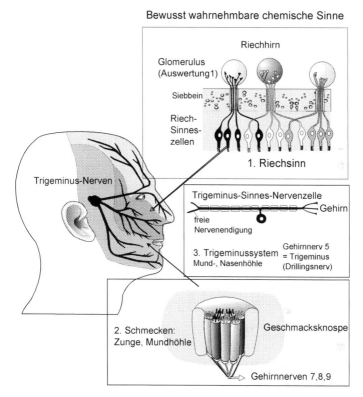

Abb. 1.10 Riechen und Schmecken = chemische Sinne. Nach Müller et al. 2015; verändert.

Zitronenöl, beigemischt worden). Reine Fruchteissorten werden am Gaumendach am intensivsten wahrgenommen.

Es ist, wie oben erläutert, eben ungeheuer schwierig, Rezeptoren im Gaumendach nachzuweisen. Immerhin sind die Physiologen einem zweiten Geschmackssinn auf der Spur, den man noch wenig differenziert Trigeminussystem nennt. Substanzen, die man diesem System zuordnet,

sind viele scharf schmeckende Substanzen wie das Capsaicin des Peperoni und des Chili, und die Senföle der Kohl-
und Rettichsorten. Da der Trigeminusnerv (Abb. 1.10)
auch Schmerzfasern enthält, wurde und wird der Scharf-
geschmack von manchen Autoren dem Schmerzsinn zugeordnet, zumal sehr scharfer Chili und Meerrettich auch als
schmerzhaft empfunden werden. Zwiebel*geschmack* andererseits ist ein Zwiebel*geruch*; mit gänzlich verstopfter Nase
werden Zwiebelstücke geschmacklos.

Mehr und mehr wird aber auch die Wahrnehmung von
Duftstoffen wie Menthol, Rosenöl und Lavendelduft dem
Trigeminussystem zugeordnet (die Rezeption von Duftstoffen in der ‚eigentlichen' Riechschleimhaut der Nase wird
hingegen von einem eigenen Riechnerven dem Gehirn
gemeldet). Unerwartet: Bestimmte Sensoren des Trigemi-
nussystems reagieren auf das gasförmige Kohlenstoffdioxid
CO_2 (im Wasser gelöst auch Kohlensäure genannt) mit
Aussenden elektrischer Signale an das Gehirn. Das kann die
Atmung beschleunigen. Wir Menschen spüren aber keinen
besonderen CO_2 – Geschmack, aber vielleicht manch anderes Wirbeltier wie Fische beispielsweise; jedenfalls reagieren
sie darauf (Zecken und Stechmücken sowieso).

Warum wurde das alles erzählt, was hat das mit dem
„Siebten Sinn" zu tun? Ein Gespür für CO_2 könnte diesen Tieren helfen, den baldigen Ausbruch eines Vulkans
im Voraus zu registrieren; denn Vulkane scheiden schon
vor ihrem Ausbruch durch Ritze im Boden Gase wie CO_2
aus. Das Vermögen CO_2 zu riechen, könnte Teil des ihnen
nachgesagten „Siebten Sinnes" sein (Siehe Kap. 4.7).

1.8 Das Riechen: spielt der Geruchsinn auch als „Siebter Sinn" bei der Partnerwahl eine Rolle?

1.8.1 Die Vielfalt der Gerüche: wie können sie erfasst werden?

Riechen ist im Gegensatz zum Geschmacksinn ein in die Ferne gerichteter Sinn. Die Vielfalt der Gerüche ist grenzenlos, manche Gerüche und Düfte sind uns offenbar zum Nutzen. Der beißende Geruch des Rauches etwa warnt uns vor Gefahren, angenehme Düfte der Früchte weisen auf Genießbares hin, das in der Nähe erreichbar ist. Bei anderen Düften wie dem angenehmen Duft der Rosen ist ein Nutzen für die Nahrungssuche zwar bei Bienen, nicht aber bei uns Menschen erkennbar. Warum duften viele Blumen herrlich, andere riechen abstoßend? Valeriansäure stinkt abscheulich nach Schweiß, altem Urin und Ziegenbock. Wozu? Gemäß der grenzenlosen Zahl möglicher Düfte sollte die Riechschleimhaut eine grenzenlose Zahl von Rezeptortypen enthalten, die jeweils auf bestimmte Duftstoffe oder Duftstoffkombinationen eingestellt sind.

Die Vielfalt der möglichen Gerüche und die Leistungsfähigkeit eines Geruchsinnes spiegelt sich in der Tat in der Zahl der Riechsinneszellen und der verschiedenartigen Rezeptortypen wider, welche in der Riechschleimhaut gefunden werden. Unsere Riechschleimhaut beherbergt etwa 30 Mio. Sinneszellen, die des Hundes 100 Mio. Noch bedeutsamer ist die Zahl unterschiedlicher Rezeptortypen. Wir Menschen haben etwa 350 Gene, die zur Programmierung von 350 verschiedenen Rezeptortypen eingesetzt werden können, beim Hund sind es 900, bei der Maus 1300. Ein bestimmter Duftstoff reizt in der Regel einen Rezeptortyp; Duftstoffgemische reizen mehrere Rezeptortypen in unterschiedlichen Kombinationen, was dem Gehirn zur Identifizierung einer Duftquelle, die ein Duftbukett aussendet, dienlich ist. Der Hund könnte dank dieses Kombinationsspieles nach Berechnungen eine Milliarde Milliarden (10^{18}) verschiedene Duftkombinationen wahrnehmen.

Die 350 Gene, die jeder Mensch zur Herstellung von verschieden reagierenden Riechsinneszellen hat, sind von Mensch zu Mensch nicht exakt gleich. Es gibt individuelle Genvarianten. Das Geruchsvermögen der Menschen ist folglich allein schon wegen ihrer unterschiedlichen genetischen Ausstattung individuell verschieden. Dazu kommen Prägung und Erfahrungen in der frühen Kindheit. Mitglieder von Völkern, die seit Jahrhunderten im tropischen Regenwald Südostasiens leben, riechen (und schmecken) andere Substanzen als Völker in den Eisregionen des Nordens wie die Inuit Grönlands. Bekannt ist, dass in verschiedenen Regionen der Erde Menschen unterschiedliche, meistens giftige Pflanzen als bitter empfinden.

1.8.2 Geruchsinn und Partnerwahl: Kann man die Richtige oder den Richtigen riechen?

Der Geruchsinn spielt, insbesondere bei Insekten und Säugetieren, eine große Rolle in der sozialen Kommunikation. Bei Säugetieren werden wir erfahren, dass viele Tiere, anders als der Mensch, zwei oder gar drei verschiedene Riechorgane haben (Kap. 4). Eines davon, das beim Menschen verkümmerte Vomeronasale Organ, ist spezialisiert auf die Wahrnehmung von Pheromonen. Pheromone sind von anderen Mitgliedern der Tiergemeinschaft ausgesandte Duftstoffe, die unter anderem im Dienst der Partnerwahl stehen. Bei der Partnersuche abschreckende Pheromone kennzeichnen Mitglieder der eigenen Familie, die man als Sexualpartner im Geschäft der Fortpflanzung zu meiden hat, anziehende kennzeichnen andererseits die Paarungsbereitschaft des umworbenen Partners. Gilt dies auch für Menschen?

Es ist Mode geworden nach Geruchskomponenten zu fahnden, welche das Sexualverhalten beeinflussen sollen. So stecken manche Forscher und Versuchspersonen gern ihre Nase in die Achselhöhle ihrer Mitmenschen, bekanntermaßen eine Quelle streng riechenden Schweißes (an dem allerdings eher Bakterien als menschliche Nasen Wohlgefallen finden). Im Schweiß von Männern können auch Spuren von männlichen Sexualhormonen oder von deren Abbauprodukten gefunden werden. Ob diese auf Frauen erotisch wirken, ist allerdings umstritten. Es bleibt viel Raum, einen „Siebten Sinn" ins Geschäft zu bringen, wenn es um die richtige Partnerwahl geht.

Und da gibt es noch das Phänomen des *„blindsmell",* des blinden Riechens. Menschen können auf Düfte reagieren und sie emotional verarbeiten, ohne dass dies Ihnen je subjektiv bewusst würde (Zucco et al. 2015). Düfte in so geringer Konzentration, dass sie nach Auskunft der Versuchspersonen nicht wahrgenommen werden, können trotzdem elektrische Aktivitäten in bestimmten Gehirnpartien auslösen, die Befindlichkeit der Versuchsperson und die spätere Beurteilung einer Situation beeinflussen. Man kann die Person, die einen solchen nicht bewusst wahrgenommenen Duft ausgesandt hat, vielleicht künftig sympathisch finden oder aber „nicht mehr riechen". Der Anhänger eines „Siebten Sinns" wird für das Aufkommen einer Aversion vielleicht eher an eine immaterielle Übertragung von Gefühlen denken als an unsichtbare Duftmoleküle, die als solche keine Gefühle sind, sondern allenfalls im Empfänger unterschwellig vorhandene oder mögliche Gefühle auslösen können.

1.9 Das Hören. Hören Sie manchmal fremde Stimmen?

Wie oben im Vorwort schon gesagt, ist hier nicht der Platz, Schulwissen vorzutragen. Wir beschränken uns auf das bisweilen bei Menschen auftretende Erlebnis, Stimmen zu hören, obwohl keine Person in hörbarer Nähe ist.

Wie oft ist in der Bibel zu lesen „Gott sprach ..." (z. B. von einem brennenden Dornbusch zu Moses), „der Engel verkündete ..." (z. B. der Jungfrau Maria). Jesus hörte nach 40 Tagen Fasten in der Wüste die Stimme des Satans (= Widersachers), der meditierende Mohammed hörte die Stimme des Erzengels Gabriel. Der griechische Philosoph Sokrates hörte die Stimme eines inneren *daimon*. Stimmen, mitunter auch in Form von Gesängen, hörten Jeanne d'Arc, Franz von Assisi und Hildegard von Bingen. Auch Hochseesegler, die wochenlang allein sind, berichten von Stimmen und anderen Hörerlebnissen, die nicht von der

Außenwelt kamen. So mancher Patient in der Sprechstunde des Psychotherapeuten und den Räumen einer psychiatrischen Klinik hat Stimmen gehört, die ihm Befehle erteilten.

Erzählt wird die Geschichte einer alten, tauben Dame, die mitten in der Nacht von lauter Musik geweckt wurde. Sie suchte die Wohnung ab, um die Quelle der Musik zu finden, aber ohne Erfolg. Schließlich erkannte sie, dass die Musik nur in ihrem Kopf spielte. Dieses Hören nicht existierender Instrumente und Stimmen wurde für sie zu einer Dauererfahrung (Frith 2014, S. 37). Als der taub gewordene Ludwig van Beethoven seine neunte Sinfonie mit dem berühmten Chorsatz „Freude schöner Götterfunke …" schrieb, dürfte er die Musik in seinem inneren Gehör in allen Einzelheiten wirklich gehört haben.

Man sagt, das Hören fremder Stimmen komme vor allem bei Menschen vor, die an Schizophrenie leiden, doch nicht nur klinisch als schizophren diagnostizierte Menschen können bisweilen oder permanent fremde Stimmen vernehmen. Rund 10 % der älteren Menschen, die nicht mehr gut hören, erfahren bisweilen lebhafte akustische Halluzinationen. Doch auch jüngere und voll gesunde Personen können betroffen sein. Nicht nur Erkrankungen, sondern auch emotional stark befrachtete Ereignissen wie Unfälle, Scheidungen, Todesfälle, aber auch Schlafentzug und bestimmte Drogen können akustische Halluzinationen auslösen. Manche hören Stimmen in ihrem Kopf, die ihr Handeln kommentieren. Sie hören beispielsweise Stimmen, die ihnen Beleidigungen zurufen, ihnen sagen, sie seien nichts wert.

Bewusste Einflüsterungen einer Zielperson über den „Siebten Sinn"?

Parapsychologen denken an Einflüsterungen von böswilligen Personen, welche telepathisch dem „Siebten Sinn" der betroffenen Person übermittelt werden. Solche böswillige Personen mobben ihre Zielpersonen vergleichbar dem „Verhexen", „Beschreien" oder „Berufen" in alten Formen der Magie. Heutige Hirnforscher und Psychotherapeuten hingegen denken beim angeblichen Vernehmen höhnender Stimmen an eine Fehlinterpretation, an einen Trugschluss: eigene Befürchtungen des Patienten werden einer anderen, fremden Quelle zugeordnet. Für die Erkrankten erscheinen solche Halluzinationen jedoch als reale Wahrnehmungen. An der Charité in Berlin gibt es ein Früherkennungszentrum, an das sich Betroffene mit ersten Anzeichen wenden können – etwa, wenn sie kurzzeitig Stimmen hören, oder sie sich selbst fremd fühlen.

Unbewusste Einflüsterungen Spielt man Versuchsteilnehmern (Probanden) über einen Kopfhörer kurz eine Tonfolge A vor, hat die Probanden jedoch zuvor aufgefordert, ihre Aufmerksamkeit auf eine Stimme B zu richten, die auf einem anderen Audiokanal zu hören ist, dringen die A Töne nicht ins Bewusstsein vor. Dennoch kann es sein, dass sie in nachfolgenden Tests die Beurteilung dieser Töne als gefällig oder nicht-gefällig beeinflussen. Man spricht von Priming-Experimenten (von Englisch *to prime* = vorbereiten, bahnen) oder von unterschwelliger Wahrnehmung.

Ein bahnender Reiz kann ein Wort, ein Bild, ein Geruch, eine Geste oder Ähnliches sein. Der bahnende Reiz aktiviert *bottom up* (= von unten nach oben) Gedächtnisinhalte des Unterbewusstseins, die *top down* (= von oben nach unten) Signale bestimmen, wie der nachfolgende Reiz empfunden wird. *Top down* Aufmerksamkeitssignale des präfrontalen Cortex bestimmen, welcher Teil des Hör- oder Gesichtsfeldes bevorzugt im Bewusstsein hervorgehoben wird, wenn wir im Geschrei eines Spielplatzes plötzlich die Stimme unseres Kindes oder bei einer Party im Durcheinander des Stimmengewirrs unerwartet eine bekannte Stimme heraushören.

Priming und Wahrheitseffekt Wer sich mit dem (spannenden) Thema der unbewussten Wahrnehmung vertieft beschäftigen möchte, dem seien als Stichworte nahegelegt: implizites und explizites Gedächtnis (*implicit or explicit memory*) und Wahrheitseffekt (*illusion-of-truth effect*). Nur ein Beispiel: Eine Gruppe von 59 Studenten der Psychologie in Anfangssemestern sollten 169 Aussagen vom Tonband abhören oder vom Blatt lesen, die Hälfte der Aussagen wahr, die andere Hälfte unwahr, und sie sollten unwahre als unwahr erkennen. (Eine typische Aussage war: Gail Logan sagt, Hausmäuse könnten im Durchschnitt 4 Meilen pro Stunde laufen.) Alle zwei Wochen wurde die Hörprobe mit 20 neuen Aussagen eingebettet in 40 schon mal vorgetragenen wiederholt. Eine mehrfach wiederholt angebotene Aussage wurden eher als wahr angesehen als eine nur einmal angebotene, auch wenn sie ursprünglich als unwahr erkannt aber ihr Inhalt mittlerweile völlig vergessen worden war (Begg et al. 1992).

Psychologisch geschulte Werbefachleute sind mit dem Phänomen des Priming vertraut. Mit tückischen Methoden werden den Lesern, Zuhörern oder Zuschauern unterschwellig Meinungen eingeflüstert, die sie gar nicht direkt in einer Rede, sei sie gesprochen oder geschrieben, heraushören oder herauslesen können, und es wird in ihr Unterbewusstsein eingeflößt, dass sie möglichst ein bestimmtes Produkt mit angenehmen Gefühlen verbinden (Medien-Priming, Felser 2015; Harris et al. 2009; Mayr und Buchner 2007). Manchmal ist es schlicht eine Frage der Zeitfolge, in der Produkte bekannt gemacht wurden. Wer Cola hört oder liest, denkt an Coca Cola, nicht so sehr an Nachfolgeprodukte wie Pepsi Cola. Psychologen sprechen von einem semantischen Priming (semantisch = die Bedeutung betreffend). Auch kann die Reihenfolge der Fragen bei Umfragen oder Interviews das Ergebnis beeinflussen.

Hören Sie mitunter Poltergeister? Poltergeister sind, wie man weiß, zu Hauf in britischen, besonders schottischen *Castles* (Burgen und Schlösser) und weiteren schaurig anmutenden Gebäuden am Werk. Mehrere Bestseller und TV-Sendungen berichteten und berichten davon. Nach Meinung britischer Esoteriker senden Geister Infraschall aus, das heißt sehr tiefen Schall unterhalb unserer Hörgrenze (das sind Schallfrequenzen unterhalb von 20 Hz (Hz = Schwingungen pro Sekunde) und bewegen damit Gegenstände, die ihrerseits für uns Menschen hörbare Poltergeräusche erzeugen. Darüber hinaus sollen Geister mit Infraschall paranormale Erlebnisse auslösen wie Wahrnehmung fremder Stimmen und Gerüche, und das Gefühl, den eigenen Körper zu verlassen (zitiert in Parsons 2012 und Wiseman 2003). Eine versuchsweise physikalische Hypothese war und ist: Alte Bauten mit den ortsüblichen undichten Fenstern und Türen und ihren offenen Kaminen werden in dem windreichen Land nahezu dauernd von Luftzug und

Luftverwirbelungen heimgesucht. Solche verwirbelte Luft-
strömungen können auch Infraschall erzeugen.

In ernsthaften Experimenten wurden in den als Sehens-
würdigkeit bekannten düsteren Altstadt-Gemäuern des
Real Mary King's Close in Edinburgh Touristen mit künstlich erzeugtem Infraschall von 18,9 Hz und sehr hoher
Stärke beschallt. Die Menschen konnten den Infraschall
zwar nicht hören, erlitten aber Gefühle der Angst, des Un-
wohlseins, der Übelkeit; manche litten an Kopfschmerzen
und Depressionen. Entgegen früheren Berichten konnten
mit Infraschall in diesen Experimenten aber (noch) keine
als paranormal betrachteten Erlebnisse ausgelöst werden
(Parson 2012). Ob Ausdrücke wie „außersinnlich" oder
„übersinnlich" bei mechanischem Verprügeln, wie es Infraschall sehr hoher Intensität nun mal ist, überhaupt recht am
Platz wären, sei dahingestellt.

Es sind jedoch nicht nur Orte mit außergewöhn-
lichen Infraschallquellen, die nach allerlei Berichten
Empfindungen hervorrufen, welche man gemeinhin der
Welt des Paranormalen zuordnet. Der Psychologe Prof. Dr.
Richard Wiseman von der Universität von Hertfordshire,
England, und sein Team besuchten zwei Orte, welche als
Spukgebäude berüchtigt waren, viele Besucher anlockten
und ihnen kalte Schauer über den Rücken laufen ließen.
Im Jahr 2000 besuchte das Team auf Bitten des Schloss-
personals das Hampton Court Palace, das wohl bekannteste
Spukschloss Englands. Dort ist es vor allem der Geist von
Catherine Howard, der fünften Frau des berüchtigten
Königs Heinrich des VIII, der dort mit weinendem Ge-
heul seinen Unfrieden kundtut und auf das Unrecht ihrer
Hinrichtung hinweist. Im folgenden Jahr besuchte das

Team die *South Bridge Vaults* in Edinburgh, eine Serie von dunklen Kammern und zugigen Tunnels unter einer langen steinernen Brücke. Im Hampden Court Palace hatten Wiseman und sein Team freiwillige Besucher gebeten, ihre Eindrücke während des Rundganges festzuhalten; 761 der Befragten gaben vollständig ausgefüllte Fragebögen zurück, in Edinburgh kamen 218 Teilnehmer hinzu. Von den insgesamt 979 Befragten gab knapp die Hälfte (45 %) an, irgendwelche ungewöhnliche Empfindungen erlebt zu haben, die als Spukerlebnis interpretiert werden können wie die gespürte Gegenwart eines Unbekannten (*sensed presence*). Weniger als vier Prozent allerdings glaubten, ihre Erlebnisse seien von Geistern verursacht worden. Von den physikalisch gemessenen Umwelteinflüssen konnten im Hampten Court Palace Korrelationen zu lokalen Anomalien des Erdmagnetfeldes festgestellt werden, nicht jedoch in der Spuklokalität Edinburghs, dort waren es halbdunkle, hohe Gewölbe die Unwohlsein hervorriefen. Infraschall wurde in diesen Orten nicht gemessen.

Liest man die Antworten der befragten Teilnehmer in ihren Einzelheiten, so waren es überwiegend Personen, die von vornherein an Spukerscheinungen glaubten und sie dort auch erwarteten oder erhofften, welche solche Erscheinungen dann auch hörten, sahen oder spürten – ein Hinweis, dass Spukerscheinungen (auch) in der Befindlichkeit der empfänglichen Personen begründet sind und in deren Psyche stattfinden. In einer weiteren, unabhängigen Studie wurde zwar der Pegel des Infraschalls gemessen, doch konnte das Auftreten von vermeintlichen Spukphänomenen nicht in Beziehung gebracht werden zum lokalen Infraschallpegel oder anderen physikalisch messbaren Umwelteinflüssen, wohl aber zur Suggestions-Empfänglichkeit der Personen oder Störungen der Gehirnfunktion, speziell zu einer Fehlfunktion des Schläfenlappens (French et al. 2009). Über die Funktion dieses Gehirnbezirks ist mehr und Erstaunliches in Kap. 11 zu lesen. Zurück zum Infraschall: Die natürliche Wahrnehmung von Infraschall und elektrischen Feldern mit speziell ausgestatteten Sinnen ist eine Domäne vieler Tierarten; darüber berichtet Kap. 4.

1.10 Das Sehen. Verblüffende Wahrnehmungsblindheit, unbewusstes und bewusstes Sehen

Was wir bewusst sehen und hören, ist in hohem Maße davon bestimmt, auf welche Teile des sichtbaren Geschehens und der hörbaren Stimmen wir unsere Aufmerksamkeit richten. Der Psychologe und Neurologe spricht von selektiver Aufmerksamkeit. Ein frappierendes Beispiel:

1.10.1 Der nicht-gesehene Gorilla im Basketballteam

In Internetdiensten, die Videos anbieten wie YouTube, kann man ein Experiment beobachten, bei dem jeder Zuschauer, der nicht schon weiß, worum es geht, verblüfft feststellt, wie unglaublich miserabel sein Wahrnehmungsvermögen sein kann. Das Video ist zu finden mit den Stichworten „Gorilla Basketball Experiment" oder *„intentional blindness"*. Man sieht junge Leute, die einander in schnellen Wechseln einen

Basketball zuwerfen, und ist als Zuschauer aufgefordert, sich entweder auf die Spieler in den schwarzen oder den weißen Trikots zu konzentrieren und zu zählen, wie oft die Spieler dieses Teams den Ball zugeworfen bekommen. Die Antwort wäre 15. Dann werden die Zuschauer gefragt: *„Did you see the gorilla"?* „Saht ihr den Gorilla?" Nein! Die meisten Zuschauer nehmen ihn erst wahr, wenn das Video erneut abgespielt wird und sie nicht mehr auf die Ballwechsel zu achten haben. Etwa 44 s nach dem Start des Videos geht eine mit einem Gorillakostüm bekleidete Frau seelenruhig und gut zu sehen durch die Gruppe der Spieler, die unbeirrt ihr Spiel fortsetzen.

Von selektiven Wahrnehmungsdefiziten wissen vor allem Neurologen zu berichten, die Patienten mit Gehirnverletzungen untersuchen und beispielsweise einen Halbseiten-Neglect des Gesichtsfeldes diagnostizieren, bei dem die Hälfte des Gesichtsfeldes leer erscheint. Historisch bedeutsam wurde der Fall eines 72-jährigen mailänder Rechtsanwaltes, der nach einem Schlaganfall nur noch die linke Hälfte des Mailänder Doms sehen konnte (Bisiach 1994). Viele derartige Fälle sind mittlerweile bekannt geworden. Eine Anekdote: Ein Patient habe sich beklagt, nicht genug Essen bekommen zu haben; er hatte die rechte Hälfte des Tellers leer gegessen, die Speise auf der linken Seite nahm er nicht wahr (nach Dehaene 2014, S. 55). Glaubhaft?? Genügte nicht ein Schwenken der Augen oder des Kopfes, um die zweite Hälfte des Tellers im Gesichtsfeld zu haben? Es würde genügen, doch bei den Patienten ist auch die Aufmerksamkeit gestört; sie tun es nicht aus eigenem Antrieb und müssen durch eine gezielte Behandlung zum Drehen des Kopfes gebracht werden, beispielsweise durch Stimulation der linken Nackenmuskulatur mit einem Vibrator (Johannsen et al. 2003). Es gibt so manche Patienten, die nach einem Schlaganfall immer nur eine Hälfte des Gesichtsfeldes bewusst sehen, ohne diesen Defekt überhaupt zu bemerken. Sie glauben, ihr Sehvermögen habe nicht gelitten; ihr Sehfeld sei vollständig (Baier et al. 2015). Aber auch der Gesunde ist nie gegen falsche oder lückenhafte Wahrnehmungen gefeit, insbesondere, wenn er seine Aufmerksamkeit auf einen kleinen Ausschnitt seines Gesichtsfeldes fokussiert. Das weiß der Zauberkünstler und man sollte sich dessen bewusst sein, wenn man Vorführungen paranormaler Fähigkeiten zusieht oder außergewöhnlichen Beobachtungen anderer vertraut.

1.10.2 Nicht bewusst gesehene, doch richtig ergriffene Objekte

Wir erwarten, dass im Gehirn optische Daten miteinander in Beziehung gesetzt und verrechnet werden, und letzten Endes eine mentale Sehwelt ergeben, die ins Bewusstsein gelangt. Bewusstsein in diesem Zusammenhang meint: Wir sehen etwas, können es beschreiben, erkennen und benennen. Es gibt jedoch Situationen in denen Menschen, wie sie selbst glaubhaft versichern, nichts sehen, doch folgen ihre Augen dem bewegten Objekt, und sie können es ergreifen. Was sie ergriffen haben, wissen sie nicht.

Verwunderung und zweifelndes Kopfschütteln lösten Beobachtungen und Experimente des amerikanischen Neurologen Roger Walcott Sperry (1913–1994) aus; sie wurden später jedoch mit dem Nobelpreis (1981) gewürdigt. Damals konnte manchen Patienten mit schweren

und lebensbedrohenden epileptischen Anfällen nur geholfen werden, wenn die Querbrücke zwischen beiden
Gehirnhälften (*Corpus callosum*, ein Bündel von 200 Mio.
Fasern) durchtrennt wurde. Verwundert nimmt man zunächst zur Kenntnis, dass solche *Split-Brain*-Patienten den
Eingriff nicht nur überlebten, sondern nach dem Eingriff
im Alltag ohne auffällige Ausfallserscheinungen zurecht-
kamen. Im gezielten visuellen Experiment wurde jedoch
ein seltsamer Defekt erkennbar. Den Personen wurden auf
dem Bildschirm für kurze Augenblicke Bilder von Gegenständen gezeigt. Der Projektor war so ausgerichtet und die
Person so platziert, dass das Bild in beiden Augen nur in
die linke oder die rechte Augenhälfte auf die Netzhaut fiel
(Abb. 1.11). Entsprechend dem Verschaltungsschema der
Sehbahnen im Gehirn gelangte folglich das neuronal übertragene Bild nur in die rechte oder die linke Hirnhälfte.

Im linken Gehirn wurde das Bild gesehen, der gezeigte
Gegenstand wurde erkannt und konnte mit dem richtigen
Wort benannt werden. Im rechten Gehirn jedoch wurde der
Gegenstand, ein Schlüssel beispielsweise, nicht gesehen und
konnte entsprechend nicht erkannt und benannt werden.
Dennoch registrierten die Augen offensichtlich den Schlüssel. Die Patienten wurden aufgefordert, unter einer Reihe
von konkreten Gegenständen einen auszusuchen. Ihre Augen konnten die Gegenstände nicht sehen; sie waren hinter einer Sichtblende versteckt. Nur ihre Hände konnten
die Objekte ertasten. Die Patienten ergriffen bevorzugt den
kurz zuvor im Bild gezeigten Gegenstand, z. B. den Schlüssel, ohne sein Bild bewusst gesehen zu haben, und ohne das
konkrete Objekt selbst, das hinter der Sichtblende in ihrer
Hand lag, sehen, erkennen und benennen zu können.

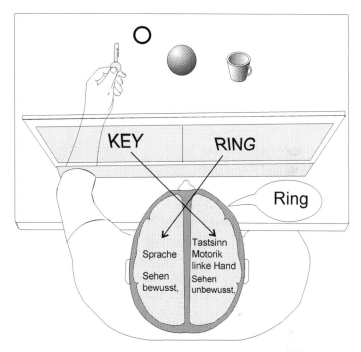

Abb. 1.11 Versuche an Patienten mit getrennten linken und rechten Gehirnhälften nach Roger Walcott Sperry, Erklärung im Haupttext. Nach Müller et al. 2015; verändert.

In der heutigen Interpretation der Split-Brain-Defekte wird (bei Rechtshändern) nur der linken, sprachdominanten Hälfte unseres Gehirns die Fähigkeit zugesprochen, Gegenstände zu benennen, doch für unbewusste visuelle Wahrnehmung ist auch die rechte Gehirnhälfte befähigt. Was mit der linken Hand in Verbindung mit der rechten Hälfte des Gehirns ertastet wurde, konnte in einer Aufgabe, in der verschiedene Bilder der rechten Gehirnhälfte zugespielt wurden, durchaus mit dem korrekten Bild in Beziehung gebracht werden. Auch in der rechten Gehirnhälfte war das Bild wahrgenommen worden und konnte mit dem ertasteten Objekt in Verbindung gebracht werden, ohne dass der Patient sagen konnte, was denn dieses Objekt sei. Er sagt weiterhin, nichts gesehen zu haben. Es bleibt die Erkenntnis, dass Teilaspekte der Wahrnehmung unterhalb der Ebene des Bewusstseins ablaufen können.

1.10.3 Vom unbewussten zum bewussten Sehen

Bei Patienten mit lokaler Gehirnschädigung hängt das, was sie nicht mehr bewusst doch noch im Unterbewusstsein wahrnehmen können, vom Ort der Störung im Gehirn ab. Ist das primäre Sehzentrum (V1 Region am Hinterpol des Gehirns, Abb. 1.12b) geschädigt, sieht man nichts mehr; dennoch haben manche Patienten noch eine schemenhafte, unterschwellige Wahrnehmung und erraten, welche Form, Farbe, Ort und Bewegungsrichtung ein nach ihrer Auskunft nicht gesehenes Objekt auf einem Bildschirm hat und können noch auf das nicht gesehene Objekt zeigen (Brogaard 2015; Leopold 2012; Ward und Scholl 2015). Ein Experiment hierzu geht beispielsweise so: Ein Lichtpunkt wandert in einer vom Versuchsleiter willkürlich gewählten Richtung über den Bildschirm, beispielsweise im jetzigen von vielen Versuchen von rechts nach links. Der Patient sieht den Lichtpunkt nicht, jedenfalls nicht bewusst. Nun wird er aufgefordert, zu raten, ob der Lichtpunkt von links nach rechts oder umgekehrt von rechts nach links gewandert sei. In den besagten Versuchen gaben die Patienten in mehr 80 % der Fälle die korrekte Antwort (Frith 2014, S. 37).

Es gibt Wissen in unserem Gehirn, über das man nicht bewusst verfügt. Weitere, verblüffende Ausfälle in der bewussten Wahrnehmung und der geistigen Leistung nach lokalen Schädigungen des Gehirns beschreiben Sacks (2000) und Frith (2014). So spannend solche Beobachtungen sind, tragen sie nur insoweit zur Frage nach dem „Siebten Sinn" bei, als sie Anregendes und Aufregendes zur Trennung von bewusster und unbewusster Wahrnehmung beigetragen haben; denn unbewusste Wahrnehmung kann sehr wohl mancher Erfahrung zugrundeliegen, die gern als außersinnlich oder übersinnlich angesehen und dem „Siebten Sinn" zugesprochen wird.

Für das Alltagsleben Normalsichtiger ungleich wichtiger ist die *perceptual suppression*, die Wahrnehmungs-Unterdrückung. Eine in der Forschung oft benutzte Versuchsanordnung erzeugt eine Rivalität zwischen beiden Augen. Dem linken und dem rechten Auge werden abwechselnd und getrennt zwei verschiedene Bilder angeboten, beispielsweise ein Gesicht und ein Haus (Abb. 1.12a). Sind beide Bilder wie in diesem Fall sehr verschieden und unbewegt, sieht man in einem Moment dieses Bild, im anderen Moment jenes Bild, ohne die Entscheidung seines Gehirns willentlich beeinflussen zu können. Man kann nun erreichen, dass das eine Bild bewusst und das andere unbewusst registriert wird. Ein Beispiel: es werden zwei Gesichter, angeboten; das eine in ruhiger Positur, das andere bewegt oder von sich bewegenden Punkten umrahmt. Die bewusste Wahrnehmung konzentriert sich auf das bewegte Bild; das ruhige wird nicht bewusst gesehen, kann aber künftige Präferenzen oder Vorurteile bei der Beurteilung eines Gesichtes beeinflussen (Zucco et al. 2015; Schmid und Maier 2015).

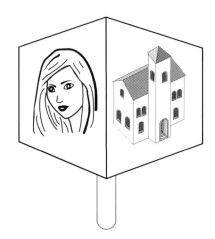

a

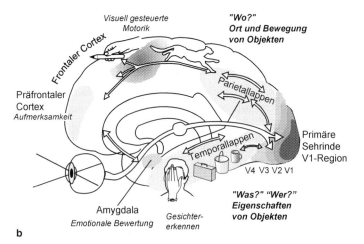

b

Abb. 1.12 Versuche zu unbewusstem und bewusstem Sehen **a** und Wege des Informationsflusses im Gehirn **b**. Zu **a**: Dem linken und rechten Auge werden getrennt zwei verschiedene Bilder gezeigt; sind beide sehr verschieden und beide in Ruhe, wird mal das linke, mal das rechte ins Bewusstsein gerückt; es sei denn ein Bild sei bewegt oder enthalte ein bewegtes Element; dann

Eine weitere, von Psychologen oft benutzte Methode, Dinge unsichtbar zu machen, ist es, die Aufmerksamkeit der Versuchsperson auf einen entfernten Punkt im Sehfeld zu lenken oder sonst wie vom Zielobjekt abzulenken (Heinemann et al. 2009; Milnik et al. 2013; Müller und Ebeling 2008; Müller und Kleinschmidt 2003; Siehe auch oben der nicht-gesehene Gorilla!). Oder das Bild dieses Objekts, sagen wir das Gesicht einer Person, auf einem Bildschirm so kurz zu zeigen (nur 40 statt 60 ms = Millisekunden = tausendstel Sekunden), dass es augenscheinlich nicht wahrgenommen wird, jedenfalls nicht bewusst. Oder das Bild wird zwar lange genug (200 ms) gezeigt, dass es für sich allein wahrgenommen werden könnte, aber es wird in eine Reihe nichtssagender Bilder von Zufallsmustern eingebettet und so unsichtbar gemacht (Melloni et al. 2011; Psychologen sprechen von *masking*, nach Dehaene 2014, S. 39).

Bewusst Wahrgenommenes kann mit einem Wort benannt und im Gedächtnis gespeichert werden. Bloß unbewusst Erfasstes kann aber künftige Entscheidungen beeinflussen. Wird einem geübten Schachgroßmeister nur unsichtbar kurz eine Figurenkombination gezeigt, und diese

---

dominiert dieses (nach Dehaene 2014). **b** Wege des Informationsflusses beim Sehen. Die primären Sehregionen V1-V3 analysieren und gliedern die Bildelemente nach Farbe, Helligkeit und dem Verlauf von Linien und Konturen. Auf den anschließenden Verarbeitungswegen werden komplexere Eigenschaften heraus gearbeitet, auf der Temporalbahn werden Form plus Farbe zu Objekten vereinigt, unabhängig von deren jeweiligen Orten, wo sie sich befinden, auf der Parietalbahn werden Ortsveränderung und Bewegungsgeschwindigkeit eines Objektes analysiert. Inhaltlich nach Mecklinger und Müller 1996; Zeichnung aus Müller et al. 2015, verändert.

Kombination später erneut gezeigt, nun aber in sichtbarer Länge, fällt seine Entscheidung messbar rascher aus. Für den Alltag wichtig: nicht bewusst gesehene Gesichter können die Emotion von Sympathie oder Furcht beeinflussen. Werbefachleute versuchen, dies für ihre Zwecke auszunutzen (Felser 2015).

Man kennt mittlerweile eine Reihe von Beispielen von Sehen ohne Wahrnehmung, ohne Gewahrwerden (*seeing without awareness*) und ohne dass das Registrierte ins Bewusstsein käme. Man spricht von *blindsight,* Blindsicht oder Blindsehen. Psychologen können mit ihren Methoden Worte, Ziffern, Bilder und sogar Videoszenen im Unterbewusstsein verschwinden lassen (Dehaene 2014). Neurologen wiederum können heute mit ihren Tomografen oder Elektroenzephalografen (EEG-Geräten) feststellen, ob und wie stark die Gehirnregionen im Hinterhaupt und anderen Gehirnbezirken, die sich mit dem Sehen befassen, arbeiten. Die Versuchsperson wird in eine „Röhre" geschoben, die für funktionelle Magnetresonanztomografie (fMRT = fMRI = Englisch: *functional magnetic resonance imaging*) ausgelegt ist. Auch Magnetresonanz-Tomografen werden eingesetzt, welche die von den Gehirnströmen ausgehenden schwachen magnetischen Felder sichtbar machen, oft in Verbindung mit der Aufnahme eines EEG, das elektrische Spannungsänderungen im Schädelbereich aufzeichnet.

Die Aufzeichnungen, die der Tomograf und das EEG liefern, verraten dem Neurologen, dass ein auf die Netzhaut der Augen projiziertes Bild in den Sehzentren des Gehirns ankommt und dort analysiert wird, auch wenn das Bild nicht ins Bewusstsein gelangt. Man vermutet, dass ein finaler Verstärkungsprozess nicht stattfindet, der das Bild ins Bewusstsein emporheben würde (Schmid und Maier 2015). Immerhin gibt es bereits spannende Ergebnisse zur Frage, wo und wann dieser Übergang stattfindet. Überschreitet ein visueller Reiz die Wahrnehmungsschwelle nicht, bleibt die neuronale Aktivität auf die am hinteren Gehirnpol befindlichen primären Sehzentren V1-V3 (Abb. 1.12b) beschränkt; diese übernehmen die von den Augen gelieferten Daten und nehmen eine elementare Analyse der Bildmerkmale wie den Verlauf von Linien und Konturen und die Verteilung der Farben vor. Diese Aktivität lässt bereits nach 300 ms Sekunden abrupt nach. Wird ein Reiz jedoch bewusst wahrgenommen, wird nach dieser Zeit ein neues charakteristisches und länger anhaltendes Aktivitätsmuster gezündet. Wird ein Ereignis erwartet und soll man auf ein plötzlich erscheinendes Zeichen sogleich reagieren, verkürzt sich diese Zeit (Melloni et al. 2011). Und wie ist nun diese Aktivität? Während die primäre Aktivität abklingt, tritt lawinenartig eine neue, stärkere Aktivität auf. Ein einprägsames Bild für dieses Zünden und lawinenartige Anwachsen der Aktivität ist der Applaus nach einem Konzert: Einige wenige Zuhörer beginnen zu klatschen, bald fällt die ganze Zuhörerschaft in den Beifall ein. Untrügliche Anzeichen, dass nun die bewusste Wahrnehmung einsetzt, sind im EEG zu erkennen. Etwa 300 bis 400 ms nach der Präsentation des Reizes erscheinen im EEG nacheinander zwei langsame, sogenannte P3-Wellen, die sich auf beiden Seiten des Gehirns von hinten nach vorn über die Seiten-(Parietal-) und Schläfen-(Temporal-) lappen bis zum präfrontalen Cortex in Stirnregion des Gehirns ausbreiten (Abb. 1.12b, Dehaene 2014; Mecklinger und Müller 1996; Melloni et al. 2007, 2011; Schurger et al.

2015), um alsdann zum primären Sehzentrum zurück zu laufen. Die verstärkten elektrischen Aktivitäten breiten sich wie eine Radiobotschaft über viele Bereiche des Gehirns aus. Nun kann der Proband sagen, was er gesehen hat. Und er kann seine Aufmerksamkeit über die vom präfrontalen Cortex ausgehenden, zurücklaufenden (*top-down*) Bahnen auf Interessantes und Neues lenken (Hein et al. 2009; Heinemann et al. 2009;Melloni et al. 2012).

Die bewusste und in Worten mitteilungsfähige Wahrnehmung hinkt fast eine halbe Sekunde hinter den realen Ereignissen hinterher. So wie in unserer Fotokamera erst Bruchteile von Sekunden, nachdem wir den Auslöser zu drücken beginnen, das Foto aufgenommen und gespeichert wird (weil erst der Autofokus aktiviert wird und auch die Lichtsensoren eine gewisse Zeit Licht sammeln und die Messungen speichern müssen.) Es wird vermutet, dass im Gehirn in dieser halben Sekunde Verarbeitungszeit Riesenneurone mit ihren langen, reich verzweigten Ausläufern elektrische Aktivität über große Bereiche des Gehirns verbreiten und diese Bereiche zu Aktivitäten im Gleichtakt stimulieren. Bei all diesen über weite Gehirnbereiche und Milliarden von Nervenzellen (Neurone) verbreiteten Aktivitäten gibt es auch kleine, nur wenige Tausend Zellen umfassende Ansammlungen von Neuronen, die nur elektrische Signale feuern, wenn ein ganz bestimmtes Gesicht, beispielsweise Bill Clintons, wieder erkannt wird, oder wenn ein schon mal bewusst gesehenes Objekt erneut an seinem früheren Ort, beispielsweise in der Nordwestecke des Wohnzimmers, gesehen wird (*place cells* = Ortszellen und *grid cells* = Rasterzellen). Solche mit Erinnerung verknüpften Neurone werden vor allem in einem Bezirk des

Gehirns gefunden, den man Hippocampus (Ammonshorn) nennt und der für die Aufnahme des Wahrgenommenen ins Langzeitgedächtnis eine entscheidende Rolle spielt. Es gibt noch schier unendlich viel Rätselhaftes und Spannendes zu erforschen.

Signale vom präfrontalen Cortex (Abb. 1.12b), der unsere Aufmerksamkeit kontrolliert, bestimmen – wie beim Gehör – maßgeblich mit, welcher Teil des Gesichtsfeldes ins Bewusstsein gerückt wird. Aufmerksamkeit auf bestimmte Muster begrenzt das auffällig Wahrnehmbare (Englisch *salience*), wenn wir mit umherstreifenden Augen den Bleistift auf dem vollbeladenen Schreibtisch oder eine bestimmte Straße auf der Landkarte suchen (Melloni et al. 2012). Andererseits verändern bewusstes und kontrolliertes Wahrnehmen das Aktivitätsmuster in weiten Teilen des Gehirns. Dass solche Aktivitäten nicht nur wie die Dampf- und Rauchschwaden einer Dampflokomotive beiläufige Nebenerscheinungen sondern ursächlich für bewusste Wahrnehmungen sind, zeigen Experimente, solche Aktivitäten künstlich auszulösen. Dazu wurde die transkranielle (= durch den Schädel gehende) Magnetstimulation TMS entwickelt. Mittels Magnetspulen, die pulsierende Magnetfelder ins Gehirn schicken, werden bei hellwachen Probanden Halluzinationen ausgelöst. Einen noch direkteren Zugriff haben Neurochirurgen, die den Schädel eines Patienten öffnen, um einen Tumor oder Epilepsieherd zu entfernen. Mit Zustimmung des Patienten werden hauchfeine Elektroden (Glaskapillaren wie in Abb. 1.3) an oberflächennahe Neurone des Gehirns herangeführt oder auch in die Tiefe des Gehirns abgesenkt. Der Patient spürt keinen Schmerz, weil es im Gehirn keine Schmerzsensoren gibt, er kann aber in seinem Wachzustand sagen, was er vernimmt, wenn durch diese Elektroden sehr leichte Stromstöße geschickt und lokal Neurone zum Feuern ihrer eigenen elektrischen Aktivität stimuliert werden. Je nach der Region, die gereizt wird, sieht man bunte, sich bewegende Strukturen, einen Lichthof (Aurora) um sich herum aber auch Gebäude, Landschaften, Gesichter oder „eine Menge Leute, die mich anschreien" (Frith 2014, S. 42). Auf weitere Experimente solcher Art und auf Methoden, den im Videobild gesehenen eigenen Körper an einen vermeintlich anderen Ort zu versetzen, wird im Kap. 11 eingegangen.

Noch aber ist gänzlich unklar, wie und warum solche Aktivitäten des Gehirns eine bewusste Wahrnehmung erzeugen. Und die moderne Hirnforschung bestätigt, was viele Geistesgrößen (wie Hermann von Helmholtz) schon seit über 100 Jahren sagen: Das allermeiste, was wir mit den Augen und anderen Sinnesorganen aufnehmen, bleibt im Unterbewusstsein (Dehaene 2014; Frith 2014). Es muss keine übersinnliche Eingebung sein, wenn in Zuständen äußerster Erregung, der Trance oder eines hohen Fiebers urplötzlich eine bekannte Figur oder eine leuchtende Erscheinung im Bewusstsein auftaucht.

1.10.4 Vom automatischen Abgleich des Gesehenen mit Erinnerungsbildern zu Halluzinationen und Erscheinungen des „Siebten Sinnes"

Um eine Katze als solche erkennen zu können, wird das momentan im Gesichtsfeld befindliche Wesen vom Gehirn mit Erinnerungsbildern verglichen, um aufgrund von Gemeinsamkeiten das Wesen einordnen und identifizieren zu können. Nie wird es jedoch eine 100protzendige Übereinstimmung von einer momentanen Szene zu einer im Gedächtnis gespeicherten geben: Keine Katze gleicht einer anderen vollständig und selbst unsere vertraute Hauskatze wird nie in der exakt gleichen Bewegungsfolge, unter den gleichen Blickwinkeln und unter gleicher Beleuchtung vor unserem Auge auftauchen. Unserem Gehirn genügen wenige partielle Übereinstimmungen mit Erinnerungsbildern; den Rest ergänzt unser Gehirn automatisch; es füllt die Lücken und ignoriert Nichtpassendes (Siehe Abb. 2.2a). Das Gehirn präsentiert unserem Bewusstsein ein Bild der Welt, das zu dem passt, was wir aufgrund unserer Erinnerung erwarten. Neuropsychologen haben in Versuchen Hinweise erhalten, wonach der Übergang zwischen dem normalen Ergänzen unvollständiger Seh-Informationen und von Halluzinationen (= Trugbildern) fließend ist. Auch psychisch gesunde Menschen können Halluzinationen entwickeln, wenn es dem Gehirn nicht gelingt, aus einem Chaos ein bekanntes Muster herauszufiltern. In einem Versuch wurde den Teilnehmern eine Serie von abstrakten und unvollständigen Schwarz-weiß-Bildern gezeigt, manche Teilnehmer interpretierten so viel in die visuellen Reize hinein, dass sie Dinge oder Personen zu sehen glaubten, die Wirklichkeit nicht vorhanden waren – sie litten an einer Halluzination (Teufel et al. 2015). Während der Neurologe von Halluzinationen spricht, erfahren manche der betreffenden Personen in ihrer Interpretation eine außersinnliche Wahrnehmung.

Ob es außersinnliche Wahrnehmung gibt, ist bei Profi-Neurologen gegenwärtig, anders als in den 1920iger Jahren, keine Frage, die in wissenschaftlichen Zeitschriften auftauchen und diskutiert würde. Doch es gibt eine Studie, nach der Personen, die sich leicht ablenken lassen und zu unbewusstem Sehen dessen neigen, was sich außerhalb dem Brennpunkt ihrer Aufmerksamkeit befindet, eher an paranormale Erscheinungen glauben als andere Personen (Richards et al. 2014).

1.10.5 Der böse Blick und das Erblicken des/der Richtigen

Böser Blick An außersinnliche Wahrnehmung glaubende Menschen und Parapsychologen, die solche Wahrnehmungen als real nachzuweisen versuchen, denken an den „bösen Blick", der von übelwollenden Personen ausgeht und über den „Siebten Sinn" einer Zielperson Schaden zufügen könne. „Böser Blick" oder „böses Auge" ist die Vorstellung, dass durch den Blick eines Menschen, der magische Kräfte besitzt, ein anderer Mensch Unheil erleiden, zu Tode kommen oder materiell geschädigt werden könne. Diese Art von Glauben an Schadenzauber war schon in Mesopotamien und im alten Ägypten verbreitet. Im Europa des Mittelalters und der frühen Neuzeit wurde die Fähigkeit zum bösen Blick vor allem Frauen zugeschrieben, die als Hexen angesehen und verschrien wurden. Der Glaube war und ist im Volksglauben vieler Kulturen lebendig, so auch der Glaube, dass das Auge frisch Gestorbener noch böse Blicke aussenden könne, weshalb ihre Augen sogleich verschlossen werden müssten (Selbstredend ist der heute erwünschte Effekt, dass die Verstorbenen dann Schlafenden gleichen). Der Glaube an Gedankenübertragung durch Blicke ist jedoch besonders im Kreise der Esoterik noch immer lebendig. Eine milde Form dieses Glaubens ist der „Anstarr-Effekt", der in Kap. 7.2 besprochen und untersucht wird.

Der unbewusste Blick und Attraktivität eines potenziellen Partners Weshalb können wir uns urplötzlich in jemanden, den wir zuvor noch nie gesehen haben, ‚vergucken' und gar verlieben? Wie schon beim Thema Riechen gesagt, ist es noch immer weitgehend rätselhaft, was es denn ist, das für jeden Einzelnen von uns eine fremde Person attraktiv macht? Schönheit allein ist es nicht. Nicht alle jungen Männer verlieben sich in die Schönheitskönigin des Jahres. Das Schönheitsideal der Menschheit verlangt nur, dass die betrachtete Person einer allgemeinen, unbewussten Norm entspricht, jedenfalls nicht sehr von dieser Norm abweicht, also nicht „abartig" ist. Er oder sie sollen so aussehen wie die Mehrheit und nicht arg verschieden sein von unserer eigenen Erscheinung. Es gibt die Hypothese, dass der Partner ein ungefähres Abbild eines Elternteils sein sollte: der Sohn sucht eine Partnerin, die Züge der Mutter hat, die Tochter einen Partner, der sie unbewusst an ihren Vater erinnert (Berking 2013, darin weitere Literatur). Wenn nicht unbewusstes Sehen mit den Augen es ist, das uns zu einer Person leitet, die einem Erinnerungsbild ähnlich ist, dann gewiss ein „Siebter Sinn", der außersinnlich – also unter Umgehung der Augen – mit geheimnisvoller Macht wie einst Amor mit seinen Pfeilen wahllos Verliebtheit entzündet. Ob unbewusstes Sehen oder „Siebter Sinn", ob sie stets das richtige Ziel finden, sei dahingestellt.

> *Love looks not with the eyes but with the mind;*
> *And therefore is wing'd Cupid painted blind.*
> *Nor hath Love's mind of any judgment taste;*
> *Wings, and no eyes, figure unheedy haste*

> *Die Liebe sieht nicht mit den Augen sondern mit der Fantasie;*

> *Und deswegen wird der geflügelte Cupido (= Amor) als blind gemalt,*
> *Auch hat die Fantasie der Liebe nicht Geschmack nach allgemeinem Urteil*
> *Flügel, und ohne Augen, bedeuten achtlose Hast*
> Helena in William Shakespeare: A Mid Summernight's Dream,
> Ein Sommernachtstraum, eigene Übersetzung

2

Das mentale Rätsel: Wie und wo erscheinen Empfindungen, Gefühle, Wille, Bewusstsein und Geist?

2.1 Verlagerung von Tastempfindungen an die Körperoberfläche, des Gehörten und Gesehenen in die Außenwelt und Phantomempfindungen

Das wahrlich Geheimnisvollste und bis heute Unerklärbare an unserer bewussten Wahrnehmung ist, außer dass es sie überhaupt gibt, der Umstand, dass unsere Wahrnehmung dorthin verlagert wird, wo sie biologisch am sinnvollsten verortet ist. Berührung und Druck werden auf der Haut gespürt, Zahnschmerz am Zahn, Musik kommt vom Musikinstrument oder Lautsprecher und alles Gesehene wird in die Außenwelt projiziert. Wir sehen den Apfel am Baumast hängen, nicht als Bild der Netzhaut, nicht als Bild im Gehirn, sondern als „Realität" in der Außenwelt; wir sehen die ferne Bergspitze weit weg am Horizont, die Sterne weit oben am Himmelszelt.

Das ist uns so selbstverständlich, dass kaum jemand (außer Philosophen) darüber nachdenkt. Und doch, es ist nicht selbstverständlich; denn nach allen Erkenntnissen der Neurologie entstehen Wahrnehmungen im Gehirn. Wie kommen sie an die Orte, wo wir sie mental wahrnehmen? Aufgefordert, mit dem Finger auf etwas Gesehenes zu deuten, zeigen wir auf ein Objekt in unserer Umgebung, wir zeigen nicht auf unseren Kopf, suchen das Gesehene nicht in unserem Gehirn.

Eine philosophische Reflexion über diese geheimnisvolle Fähigkeit unseres Geistes wagen wir im Schlusskapitel. Jetzt beschäftigen wir uns mit seltsamen Befunden und verblüffenden Experimenten, die uns das Rätselhafte der bewussten Wahrnehmung deutlich machen.

Ein erstes, von niemandem gewolltes Experiment ist das amputierte Bein. Der Unglückliche, dem dieses widerfuhr, meint monatelang, mancher gar jahrelang, sein Bein sei noch vorhanden, wenn vielleicht auch in zunehmend kürzerer Form. Man spricht von einem Phantomglied oder allgemein von einer Phantomempfindung. Das unsichtbare Phantombein empfindet Wärme und Kälte, Berührung und Druck. Schlimm sind die mit dem Phantombein verbundenen dauernden Phantomschmerzen; sie werden anfänglich nicht am Stumpf empfunden, sondern vom Körper entfernt, beispielsweise dort, wo einst der große Zeh war. Mit der Zeit rücken solche Schmerzen näher zum Körper bis sie am Stumpf empfunden werden. Manche Patienten haben das Empfinden, ihr Phantomglied führe ein Eigenleben und gehorche nicht mehr ihrem Willen.

Wie sehr der Ort der Empfindung von anatomisch eingrenzbaren Aktivitäten des Gehirns abhängt, zeigt eine zwar seltene, doch umso seltsamere Erfahrung, die Patienten machen können, beispielsweise eine Patientin, die ihre Hand verloren hatte. Da die Neurone des Gehirns, welche vor der Amputation die von den Tastsensoren der Hand gelieferten Daten verarbeitet hatten, nun nichts mehr zu tun hatten, „suchten" sie eine andere Quelle zu finden, die ihnen Daten liefert. Neben den Neuronen, die Meldungen der Hand verarbeiten, befinden sich die, welche Tastreize des Gesichts empfangen und verarbeiten. Ergebnis der Umorganisation war, dass die früher für die Hand zuständigen Neurone offenbar Signale, die vom Gesicht kamen, auffingen. Die betreffende Patientin spürte, wenn bestimmte Stellen ihres Gesichts berührt wurden, eine Berührung der nicht mehr vorhandenen Hand (Halligan et al. 1993). Das Gehirn geht davon aus, dass Signale, welche auf die normalerweise für die Hand zuständigen Neurone zulaufen, auch von der Hand kommen, in diesem Fall eine irrige „Annahme" des Gehirns, die aber zeigt, dass bestimmte Neurone im sogenannten somatosensorischen Areal des Gehirns (siehe Abb. 11.1) für die Verortung einer Reizquelle zuständig sind.

Das aufdringliche Gefühl, eine Phantomgliedmaße zu besitzen, kann auch auftauchen, wenn gar keine Gliedmaße entfernt wird, aber bei einem Schlaganfall bestimmte Bereiche des Gehirns durch ein Blutgerinnsel geschädigt werden. Solche Patienten können den Eindruck haben, einen dritten Arm zu besitzen (Frith 2014, S. 96).

2.2 Der als körpereigenes Glied wahrgenommene Gummiarm

Aufsehen erregte folgendes, von zwei Personen gemeinsam durchführbares, einfaches Experiment (Abb. 2.1): Eine Versuchsperson sitzt an einem Tisch und legt ihre beiden Arme auf die Tischplatte in einer bequemen Position. Neben ihrem linken Arm liegt ein täuschend echt aussehender Arm aus Gummi. Der wahre Arm ist jedoch außerhalb des Gesichtsfeldes der Versuchsperson, weil er mit einem Tuch abgedeckt oder hinter einer Trennwand verborgen ist. Oder der wahre linke Arm ist unter die Tischplatte geschoben und auf dem Tisch durch einen Gummiarm ersetzt. Eine zweite Person streichelt mit einem Pinsel gleichzeitig beide linken Hände, die wahre und die falsche. Nach wenigen Minuten empfindet die Versuchsperson die Berührung an der gesehenen Kunsthand und hält die Kunsthand für die eigene, zugleich meint sie, ihre wahre Hand sei an den Ort der Kunsthand gerückt. Im Konfliktfall dominiert die optische Wahrnehmung über die durch Tast-, Gelenk- und Sehnensensoren vermittelten Wahrnehmungen (Blanke 2012; Tajadura-Jimenez und Tsakiris 2014). Im heutigen Deutsch spricht man von „rubber hand illusion". Erweiterte Versionen dieses Versuchs können gar die Illusion erzeugen, man habe drei Hände, wenn sowohl die wahre wie auch die falsche Hand gleich gut im Sichtfeld sind. Geht man auf die Kunsthand mit einem Messer los, versucht die Person sie zurückzuziehen, was im Gehirnscan des Computertomografen sichtbar wird (Guterstam et al. 2011). Wird die Gummihand als körpereigene wahrgenommen, kann

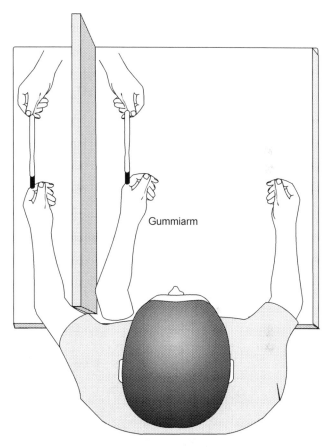

Gummiarm

Abb. 2.1 Versuche mit einem Gummiarm, der als eigener Arm empfunden wird. Der linke eigene Arm ist durch eine Trennwand nicht im Gesichtsfeld der Versuchsperson. Eine zweite Person berührt mit Pinseln gleichzeitig die Gummihand und die echte linke Hand. Die Versuchsperson glaubt nach einigen Minuten Streichelempfindungen, die gesehene Gummihand wäre ihre eigene. Weitere Erklärungen im Haupttext. (neue Zeichnung (WM))

sogar, je nach Versuchsanordnung, die wahre Hand als nicht zum Körper gehörend betrachtet werden (www. sciencedaily.com/releases/2004/07/). Diese gespenstischen Erscheinungen erinnern an seltene Erkrankungen des Gehirns, bei denen Patienten ihre Hände oder Füße als einer anderen Person gehörend empfinden. Ihr Selbstsein, ihre Ich-Wahrnehmung ist teilweise gestört.

Oliver Sacks, Autor des berühmten Bestsellers *Der Mann, der seine Frau mit einem Hut verwechselte*, schildert im Abschnitt „Der Mann, der aus dem Bett fiel" folgenden Fall: „Als ich kam, lag der Patient auf dem Boden neben seinem Bett und starrte seine Beine an. In seinem Gesicht spiegelte sich eine Mischung aus Wut, Sorge, Verwunderung und Heiterkeit – wobei Verwunderung mit einer Spur Bestürzung überwog ... Denn im Bett hatte er, wie er sich ausdrückte »irgendein Bein« gefunden – *ein abgetrenntes menschliches Bein*. Ein entsetzlicher Fund! Er war zunächst erstarrt vor Überraschung und Ekel. Offenbar hatte sich eine Schwester mit einem makabren Sinn für Humor in den Seziersaal geschlichen, ein Bein gestohlen und es ihm, während er fest schlief, ins Bett gelegt, ... da er gefunden hatte, dass dieser Witz zu weit ging, hatte er das verdammte Ding aus dem Bett geworfen. Doch – und in diesem Augenblick gab er den Plauderton, in dem er bisher erzählt hatte, auf, begann zu zittern und wurde aschfahl – *als er es aus dem Bett geworfen hatte, war er irgendwie hinterhergefallen, und jetzt war das Bein an ihm festgewachsen*" (Sacks 2000, S. 85).

Das Gegenstück zu solchen Erlebnissen sind Prothesen, die mit der Zeit als körpereigene Glieder empfunden werden (Clark 2008). Und nicht nur Prothesen: Der langjährig aktive Tennisstar kann den Schläger als Verlängerung seines Arms und seiner Hand empfinden.

2.3 Das Ich, das in eine Schaufensterpuppe schlüpft

Verblüffende Pionierversuche zur Frage: „Wer bin ich?", machte der schwedische Forscher Henrik Ehrsson (2007). Seine Versuchspersonen gewannen den Eindruck, ihren Körper zu verlassen und ihren eigenen Körper mit dem einer Schaufensterpuppe zu tauschen. Die Versuchspersonen trugen eine Videobrille, die ihnen die Szene zeigte, die eine Videokamera auf dem Kopf der Schaufensterpuppe aufzeichnete. Die Videobilder erweckten bei der Versuchsperson den Eindruck, sie schaue von oben auf den Körper der Puppe herunter. Und nun wird es seltsam: Der Versuchsleiter berührt gleichzeitig die wahre, lebende und die falsche, leblose Person an den gleichen Körperstellen. Nach einigen Minuten solcher Übungen nimmt der Versuchsleiter ein Messer und führt es über den Bauch der Schaufensterpuppe. Die Versuchsperson schreit auf und krümmt sich. Ein Messgerät nach Art eines Lügendetektors zeichnet auf, dass ihre Haut Angstschweiß absondert, ein Zeichen, dass sie tatsächlich Stress erlebt und nicht nur vortäuscht.

Man erwartet, dass es der Versuchsperson doch klar sein müsste, dass es die Schaufensterpuppe war, die mit dem Messer attackiert wurde, und nicht sie selbst. Schließlich sah sie das Messer über den Bauch der Puppe gleiten; eine Verwechslung mit dem eigenen Körper sollte ausgeschlossen sein. Und doch kam es zu dieser Verwechslung. Durch die vorige, wiederholte und gleichzeitige Berührung gleicher Stellen an der Puppe und dem eigenen Körper hatte sich im Gehirn eine Verknüpfung zwischen der gespürten Wahrnehmung und der dazu passenden gesehenen Szene eingestellt. Das Gefühl des Ich war in die Puppe geschlüpft.

Wir werden das Phänomen wieder im Kap. 11 aufgreifen, wenn es um die Wahrnehmung des Ichs außerhalb unseres Körpers geht und um die Frage, ob unsere Seele den Körper verlassen und auf Wanderschaft gehen kann.

2.4 Der über das Gehirn als „morphisches Feld" oder „erweiterter Geist" (*extended mind*) hinausreichende Geist als Lösung?

Der Bestsellerautor Rupert Sheldrake, der in die Welt der Esoterik ausgewanderte einstige Biologe, und neuerdings auch der Esoterik nahestehende Philosophen des „erweiterten Geistes" bieten eine Lösung an, die in der Gemeinschaft der Esoteriker und auch in weiten Kreisen der Bevölkerung großen Widerhall und Beifall findet: Unser Geist sei nicht auf das Gehirn beschränkt, er trete in die Welt hinaus.

> Unser Geist verbindet uns mit der Welt um uns herum, genauso wie es den Anschein hat. Diese Verbindung [an anderen Stellen „morphisches Feld" genannt] durch unsere Sinnesorgane verknüpft uns direkt mit dem, was wir wahrnehmen. Was Sie sehen, ist ein Bild in Ihrem Geist. Aber es

ist nicht im Inneren Ihres Gehirns. Ihr Gehirn befindet sich innerhalb der Grenzen Ihres Schädels. Ihr Geist ist räumlich erweitert und erstreckt sich in die Welt um Sie herum. Er streckt sich aus, um zu berühren, was Sie sehen. Wenn Sie einen kilometerweit entfernten Berg anschauen, erstreckt sich Ihr Geist kilometerweit. Wenn Sie einen fernen Stern betrachten, erstreckt sich Ihr Geist buchstäblich über astronomische Entfernungen. (Sheldrake 2011b, S. 27)

Sheldrakes Ansichten gliedern sich ein in eine neue Strömung in der Philosophie, die Philosophie des „erweiterten Geistes" (engl.: *extended mind*). „Cognitive processes ain't (all) in the head!" „Kognitive Prozesse sind nicht (alle) im Kopf" (Clark und Chalmers 1998). Diese Auffassung wird auch mit dem Ausdruck „active externalism" („aktiver Externalismus") verbunden: Wahrgenommene Objekte der Außenwelt seien Teil der eigenen Psyche („mind"), so sei der Speicher meines PC und meines Smartphones (Handys) Teil meines Gedächtnisses. Externe Speicher von Information, vom Notizheft bis zum Speicher des Smartphones, werden als gleichwertig wie das eigene Gedächtnis betrachtet und gehörten somit zum Ich. In der Logik des erweiterten Geistes ist der Geist einer Person umso umfassender, je mehr künstliche Speicher sie hat und je mehr diese gefüllt sind (womit?), ob die Speicher nun neumodisch in ihrem PC und Smartphone installiert oder ob sie altmodisch in Form einer Bibliothek verwirklicht sind.

Alles was von außen aufgenommen, wahrgenommen, in einem beliebigen Gedächtnis gespeichert und in die Erinnerung zurückführbar ist, werde Teil des eigenen Geistes, Teil des Selbst (*self*); dies gelte auch für wahrgenommene

Personen, die somit Teil meines Ichs würden (Clark 2004, 2008). „What about socially extended cognition? Could my mental states be partly constituted by the states of other thinkers?" „Was ist mit sozial erweiterter Erkenntnis? Könnten meine mentalen Zustände teilweise zusammengesetzt sein mit den Zuständen eines anderen Denkers?" „We see no reason why not, in principle." „Wir sehen keinen Grund, warum nicht, im Prinzip jedenfalls." „What, finally, of the self? Does the extended mind imply an extended self? It seems so." „Und schließlich, was ist mit dem Selbst? Schließt der erweiterte Geist ein erweitertes Selbst mit ein? Es scheint so" (Clark und Chalmers 1998; Clark 2008).

Auf den ersten Blick gibt es erwägenswerte psychologische Erscheinungen, die dem Konzept eines *extended mind* entgegenzukommen scheinen. So können Prothesen, wie oben erwähnt, als Teil des eigenen Körpers empfunden werden.

Es bleibt jedoch Ansichtssache, ob ich mein Handy als Teil meines Selbst betrachten will; logisch zwingend ist dies nicht, wie die große Mehrzahl der Philosophen, die sich zu diesem Thema zu Wort melden, argumentiert. Milliarden Menschen haben kein Handy, Millionen sind Analphabeten. Ist ihr Selbst, ihr Ich geringer als das eines Handybesitzers? Und wenn alles in der Außenwelt Wahrgenommene und in irgendeinem künstlichen Speicher Festgehaltene schon Teil des eigenen, erweiterten Geistes ist, dann wird sich der Geist der eifrigen Benutzerin eines Handys und der eifrige Benutzer eines PC mit viel Speicher und interner Bibliothek von Sekunde zu Sekunde ändern und damit auch deren Selbst.

Mit welchem physikalischen Medium der erweiterte Geist den Körper verlässt, wird nicht diskutiert, und auch nicht, wie umgekehrt materielle Objekte der Umwelt zu Teilen des Geistes werden können, wenn nicht über unser normales Sinnesnervensystem. Wenn der erweiterte Geist die Summe dessen ist, was wir mit unseren Sinnen wahrnehmen, im Gedächtnis des Gehirns speichern und fallweise als Erinnerung ins Bewusstsein zurückrufen können, dann sind wir zurück bei der traditionellen Auffassung der Neurobiologie.

Der Skeptiker fragt den Esoteriker und Philosophen des erweiterten Geistes: Warum genügt nicht ein Blick zum Mond, um dort zu sein, warum müssen Astronauten auf dem Mond landen, um sich dort umzusehen, wenn sie Einzelheiten beobachten wollen? Warum wird der Berg immer kleiner, je weiter er entfernt ist und lässt keine Details mehr erkennen, obwohl unser Geist dorthin reicht? Warum werden die Bäume einer Allee immer kleiner, je weiter sie entfernt sind (Abb. 2.2b), und dies exakt so, wie es die Physik des Strahlenganges erfordert? Muss unser immaterieller, nichtphysikalischer Geist, wenn er aus dem Gehirn austritt und sich zum gesehenen Objekt hinbewegt, denselben physikalischen Gesetzen gehorchen wie physikalische Lichtwellen, nur dass die Strahlen oder „Felder" unseres Geistes in umgekehrter Richtung sich bewegen?

Soweit ich die überbordende Literatur und die mehr als 200 „geposteten" Blogs und Chats im Internet überblicke und auf die Gefahr hin, von einem aufmerksamen Leser widerlegt zu werden, stelle ich für den Stand der gegenwärtigen Diskussion fest: Auf die Idee, sich (in Gedanken) eine Umkehrbrille aufzusetzen, kam augenscheinlich noch keiner der Philosophen des erweiterten Geistes. Was meine ich damit?

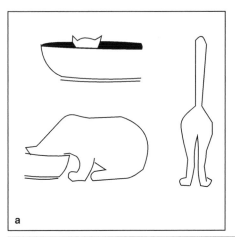

Abb. 2.2 Sehvermögen und Gehirn. **a)** Abstraktionsvermögen und Ergänzung. Keine Figur gleicht der anderen. Geringste teilweise Übereinstimmungen mit gespeicherten Bildern genügen

Abb. 2.3 Umkehrbrille. (neue Zeichnung (WM))

Man setze eine Umkehrbrille (Invertoskop, englisch *inversion glasses, upside down goggles*) auf. Diese ist mit zwei Prismen bestückt, die das gesehene Bild auf den Kopf stellen (Abb. 2.3). Muss nun der Geist, wieder in Umkehrung des physikalischen Strahlengangs, nach unten fliegen, wenn er den Mond erreichen will?

Abb. 2.2 (Fortsetzung) unserem Wahrnehmungssystem, Erinnerungen an ein Objekt wachzurufen. Das Gehirn ergänzt im Bedarfsfall das tatsächlich Gesehene durch eigene Zutaten aus dem Gedächtnis. **b**) Baumallee in perspektivischer Darstellung. Nach Müller et al. 2015; verändert.

Zu guter Letzt ein Konfliktfall. Der Zuschauer trage eine Umkehrbrille, ein Umkehrhörgerät stehe aber nicht zur Verfügung. Jemand sitze auf einem Baum oder stehe auf einem Berg und rufe herab. Die Umkehrbrille zeigt die Person tief unten, der Ruf hingegen erschallt von oben. Wohin bewegt sich unser Geist? Sind Sehgeist und Hörgeist gesondert und können verschiedene Wege in die Außenwelt gehen, wie es die Physik des Reizes erfordert?

Solche Konflikte, die Glaubenszweifel wecken könnten, werden vom Bestsellerautor und den Philosophen des erweiterten Geistes dem Leser oder Zuhörer nicht zugemutet.

3

Innere Uhren und der Zeitsinn der Lebewesen und warum Blinde unbewusst Licht wahrnehmen können

3.1 Vierundzwanzig-Stunden-Uhren

In Hinblick auf unseren gedankenlesenden Hund, der uns abends erwartet, weil er, wie gesagt wird, telepathisch unsere Absicht zur Heimkehr wahrnimmt (Kap. 6, Abschn. 6.5), sei auf den „Zeitsinn" verwiesen, genauer gesagt, auf die innere Uhr, auf unsere innere Uhr und die des Hundes. Eine innere Uhr hat mutmaßlich jedes Lebewesen, das seit Generationen dem natürlichen Hell-Dunkel-Wechsel ausgesetzt ist. Eingehend daraufhin untersucht ist eine Reihe von Lebewesen, von Hefepilzen bis zu Pflanzen allerlei Art, von der Taufliege Drosophila, dem so beliebten Modellobjekt der Genetiker und Molekularbiologen, über die Maus bis zum Menschen. Die innere Uhr all dieser Lebewesen ist eine molekulare Uhr, in der Gene eine zentrale Rolle spielen. Sie ist zwar bei Mikroorganismen, Pflanzen und Säugetieren in Einzelheiten verschieden, doch ist sie nach einheitlichen Prinzipien konstruiert, so wie mechanische Uhren im Einzelnen verschieden sind, doch nach ähnlichen Prinzipien laufen. Jede einzelne Zelle kann eine Uhr besitzen.

Für Interessierte ist in Abb. 3.1 die Uhr einer Säugetierzelle und damit auch die eines Hundes und des Menschen vereinfacht skizziert.

Morgens werden zwei Gene eingeschaltet, das *Cry-* und das *Per*-Gen. Kopien ihrer Information werden aus dem zentralen Büro (Kern) der Zelle in die Werkhalle der Zelle als Anleitung für die Produktion der Proteine CRY und PER herausgegeben. Im Laufe des Tages sammeln sich mehr und mehr CRY- und PER-Moleküle in der Werkhalle an. Ist am Nachmittag eine gewisse Menge überschritten, verbinden sich je ein CRY und ein PER zum CRY/PER-Komplex. Mittlerweile ist es Abend, die CRY/PER-Komplexe gelangen in den Kernraum und schalten das *Cry-* und *Per*-Gen ab. Der Techniker spricht in solchen Fällen von einer negativen Rückkoppelung. Nachts zerfallen die hemmenden CRY/PER–Komplexe, die Gene *Cry* und *Per* werden erneut abgelesen und ihre Kopien in die Werkhalle herausgegeben.

In unserem Körper sind es mehrere Organe, deren Zellen mit einer Uhr ausgestattet sind, beispielsweise die Zellen der Leber, der Niere und manche Zellen des Immunsystems. Beim berüchtigten *Jetlag*, der bei langen Flügen in östlicher oder westlicher Richtung über Zeitzonen hinweg uns lahmzulegen droht, können diese Uhren aus dem Takt geraten. Dann ist beispielsweise die Cortisolkonzentration im Blut nicht mehr frühmorgens, sondern am Nachmittag am höchsten und es dauert mehrere Tage, bis sich Körperfunktionen und subjektives Befinden der Ortszeit angepasst haben.

Um die innere Uhr neu einzustellen und zu synchronisieren und sie im Laufe des Jahres an die länger und

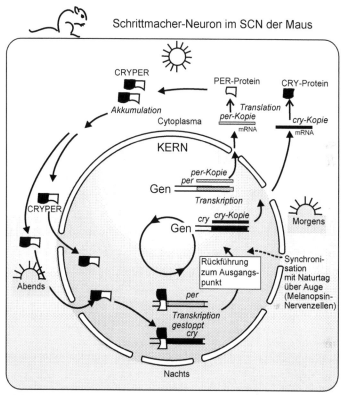

Abb. 3.1 Molekulare Uhr. Morgens werden die Gene *Per* (von *period*) und *Cry* (von *cryptochrome*) eingeschaltet. Ihre Botschaft wird in Form einer Kopie (mRNA) aus dem zentralen Kern ausgeschleust und im großen Zellraum (Zytoplasma) genutzt, um die Proteine PER und CRY herzustellen. Ist eine größere Menge hergestellt, verbinden sich CRY und PER zu CRY/PER-Komplexen. Diese wandern abends in den Kern und schalten die Gene *Per* und *Cry* ab. Nachts werden die CRY/PER-Komplexe abgebaut und die Gene *Cry* und *Per* stehen wieder zum Kopieren ihrer Information zur Verfügung. Neben *Cry* und *Per* sind viele weitere Gene tagesperiodisch aktiv. Nach Müller et al. 2015, vereinfacht.

kürzer werdende Tageshelle anzupassen, besitzen wir eine Zentraluhr, von der aus die verschiedenen inneren Uhren synchronisiert werden können. Diese Zentraluhr sitzt in unserem Gehirn im sogenannten Hypothalamus (Abb. 3.2) und heißt SCN (Suprachiasmatischer Nucleus). Das ist eine Ansammlung von Nervenzellen, die im 24-Stunden-Rhythmus aktiv werden und ihrerseits Hormondrüsen veranlassen, ihre Hormone (Melatonin, Cortisol u. a.) in die Blutbahn abzugeben. Diese Zentraluhr wird über das Auge an den Jahresrhythmus des Sonnengangs angepasst.

Wie wirkt das vom Auge wahrgenommene Licht auf die innere Uhr? In diesem Punkt gab es nun eine Überraschung: Zunächst ist zu sagen, dass unser Auge in der Embryonalentwicklung aus dem Gehirn hervorgeht und die Netzhaut nicht nur Lichtsinneszellen, die Stäbchen und Zapfen, enthält, sondern auch Millionen von Nervenzellen, welche eine erste Verarbeitung der Daten vornehmen. Es ist nun ein besonderer Typ von Nervenzellen, die mit lichtabsorbierendem Melanopsin ausgestattet sind, welche den täglichen Tag-Nacht-Rhythmus registrieren, ohne dass dies uns bewusst würde. Blinde Mäuse und wohl auch Menschen, denen funktionsfähige Stäbchen und Zapfen fehlen und die gar nichts in unserer Umwelt sehen, können sich trotzdem an einen anderen Tag-Nacht-Rhythmus anpassen, wenn diese Nervenzellen vorhanden sind und funktionieren (Hughes et al. 2015).

Zu einem Zeitsinn wird eine innere Uhr erst, wenn sie unser Verhalten steuert, und das tut die Zentraluhr, wenn sie morgens als Wecker fungiert und uns ans Aufstehen ermahnt und uns, hoffentlich, munter macht.

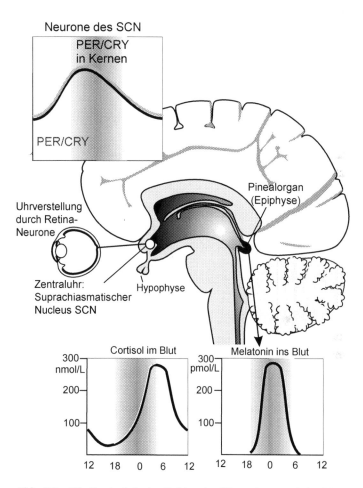

Abb. 3.2 Die Zentraluhr im Gehirn der Säugetiere und des Menschen. Sie wird im Laufe des Jahres über das Auge an den Tagesgang angepasst, wobei nicht die normalen Sinneszellen des Auges die Dauer der Tageshelle messen, sondern besondere Nervenzellen, die Melanopsin enthalten und nichts zum bewussten Sehen beitragen. Die Zentraluhr synchronisiert die übrigen inneren Uhren, z. B. der Leber, über das sogenannte vegetative Nervensystem und über Hormone. Nach Müller et al. 2015; vereinfacht.

Für Säugetiere wie dem Hund und für uns Menschen gilt, dass die Umlaufzeit der inneren Uhr um maximal 3 h pro Tag verkürzt oder verlängert werden kann. Aber sie ist im Laufe von Tagen verstellbar und macht uns zu einer neu eingestellten Zeit wach.

Bemerkenswert: Die Uhr besteht bei Säugetieren ebenso wie bei der Fliege Drosophila aus zwei Unteruhrwerken (Oszillatoren), einem Morgenuhrwerk und einem Abenduhrwerk; ihre abwechselnden Signale bestimmen, dass Tiere in der Regel ein morgendliches und ein abendliches Aktivitätsmaximum an den Tag legen. Die beiden Uhrwerke sind in unterschiedlichen Nervenzellen der Zentraluhr untergebracht. Der Morgenoszillator wird durch Licht beschleunigt, der Abendoszillator verlangsamt. Daher verschiebt sich gegen Sommer die Morgenaktivität in die frühen Morgenstunden, die Abendaktivität in den späten Abend (Helfrich-Förster 2014).

Wer frühmorgens im Frühjahr dem Zwitschern unserer Vögel zuhört, weiß, dass Singvögel vom astronomischen Frühlingsanfang am 21. März bis zur Sommersonnenwende am 21. Juni täglich etwas früher mit ihrem Konzert beginnen und, wenn sie auch Abendlieder singen wie die Amseln, die abendliche Gesangsstunde zunehmend später einsetzt. Nach der Sonnenwende wird die morgendliche Gesangsstunde zunehmend später begonnen und die Dauer des abendlichen Gesangs wird wieder kürzer in Synchronie mit dem Hell-Dunkel-Rhythmus des natürlichen Tages.

Und unsere innere Uhr bestimmt mit, wie lange wir die Aufmerksamkeit auf ein erwartetes Ereignis wach halten.

3.2 Stoppuhren und Taktgeber

Menschen, aber auch viele Tiere, haben die Fähigkeit, in sehr regelmäßigen, kurzen Zeitabständen Handlungen zu wiederholen: Tanzfiguren können im Dreivierteltakt wiederholt werden, auch wenn keine Musik zu hören ist. Für solche Fähigkeiten kann die langsame 24-Stunden-Uhr nicht den Takt geben, schon gar nicht bei noch höheren Rhythmen. Specht und Schlagzeuger können ungeheuer präzise extrem schnelle Tempi einhalten. Zwischen solch schnellen Rhythmen und dem 24-Stunden-Rhythmus steht die Fähigkeit, Zeitspannen abzuschätzen: Wann etwa wird die erwartete Person zu Hause ankommen, wenn sie ihren Heimweg um 17 Uhr antritt?

4

Höchstleistungs- und Sondersinne der Tiere, ihr „sechster Sinn"

Hier kann der Zoologe auf manche Sondersinne („sechster Sinn") hinweisen, die wir Menschen nicht oder nur schwach ausgeprägt zur Verfügung haben. Erwähnt sei, dass Amphibien, Elefanten und Kamele und mutmaßlich manch andere Tiere die Fähigkeit haben, Wasser aus großer Distanz zu wittern. Wir beschränken uns auf Beispiele, die in den Zusammenhang mit einem postulierten „Siebten Sinn" gebracht worden sind. Auf allzu obskure Aussagen wie die in allerlei Internetbeiträgen gemachte Behauptung, Hunde könnten Geister Verstorbener und Gespenster wahrnehmen oder selbst als Geister erscheinen, wird hier nicht eingegangen. Ebenso bleibt außer Acht, dass auch Tiere Halluzinationen haben können.

4.1 Das erstaunliche Riechvermögen der Hunde

Die Natur hat bekannte Sinne, wie die Fähigkeit des Riechens, bei manchen Tieren geschärft und leistungsfähiger gemacht als bei uns Menschen. Sie hat darüber hinaus manches Tier mit einem Sinnesorgan ausgestattet, das sie uns nicht gewährte oder wieder wegnahm. Weggenommen hat sie uns das vomeronasale Organ (Kap. 4., Abschn. 4.2); das ist zwar embryonal angelegt, verkümmert dann aber.

Wir beschränken unseren Überblick auf Säugetiere, weil es Säugetiere wie der Hund sind, denen man nicht nur einen „sechsten", sondern auch einen „siebten", außerkörperlichen Sinn nachsagt.

4.1.1 Erkennen Hunde Orte, ihr Zuhause oder ihr Dorf durch Riechen?

Es sei wiederholt: Unsere Riechschleimhaut beherbergt etwa 30 Mio. Sinneszellen, die des Hundes 100–200 Mio. Wir Menschen haben etwa 350 Gene, die zur Programmierung von 350 verschiedenen Rezeptortypen eingesetzt werden können, beim Hund sind es 900. Da 900 verschiedene Rezeptoren Duftgemische in unzähligen Kombinationen erfassen können, sind Hunde in der Lage, nicht bloß 900 verschiedene Elementardüfte wahrzunehmen, sondern Abermilliarden Duftkombinationen, rechnerisch eine Milliarde Milliarden. Zur Analyse der Gemische leistet ihnen ein riesiges Riechhirn Dienste. Darüber hinaus können trainierte Hunde manche Düfte in extrem geringen Konzentrationen wahrnehmen.

Man hat es oft gehört, gelesen, gesehen: Hunde spüren von Lawinen verschüttete Menschen durch meterdicke Schneeschichten auf, sie erschnüffeln in verschlossenen Gepäckstücken versteckte Drogen.

Hunde sind auf Fettsäuren spezialisiert. Auch Gummistiefel ist bald durchlässig genug, um dem Hund eine Spur des Fußschweißes seines Herrn zu legen. Da verschiedene Fettsäuren sich verschieden rasch verflüchtigen, ändert sich die quantitative Zusammensetzung der Spur entlang des Weges. Der erfahrene Hund weiß, in welche Richtung er laufen muss, um den Anschluss an die Jagdgesellschaft wiederzufinden. Hunde können „stereo", das heißt räumlich, riechen. Sind sie mit einer Örtlichkeit vertraut, können sie sich auch im Dunkeln mithilfe ihrer Nase und ihres Gedächtnisses orientieren. Sie haben ein räumliches Duftbild im Kopf. Darüber hinaus hören Hunde Ultraschall und sind mit einem schärferen Sehsinn in der Nacht begabt. Das alles kann dazu beitragen, dass sie einen bekannten Ort auch an Sinneseindrücken wiederkennen, die uns nicht zur Verfügung stehen.

4.1.2 Können Hunde Diabetes, Epilepsie und Krebs riechen?

In den letzten Jahren wussten zahlreiche Medien zu berichten, trainierte Hunde könnten Krankheiten wie Lungen- und Prostatakrebs, einen bevorstehenden Epilepsieanfall und Diabetes erschnüffeln. Zahlreiche anekdotische Berichte von Hundehaltern unterstützen solche Aussagen.

Diabetes?
Das können Hunde zweifellos; denn das können sogar wir Menschen. An schwerer Zuckerkrankheit (Diabetes mellitus) leidende Menschen scheiden Betahydroxybuttersäure, Acetacetat und das sehr flüchtige, auch mit unserer Nase wahrnehmbare Aceton aus (Müller et al. 2015, S. 541). Ein geschulter Arzt erkennt einen solchen Patienten schon am Geruch.

Epileptische Anfälle?

Viel Aufmerksamkeit erhielten Medienberichte über Hunde, die mit Kindern zusammenlebten, die zu epileptischen Anfällen neigten. Die Hunde verhielten sich vor einem Anfall ungewöhnlich, manche Hunde bellten, andere legten sich neben das Kind, leckten lange sein Gesicht, lockten das Kind weg vom Stuhl und führten es zu einem sicheren Ort und dies einige Minuten bis zu fünf Stunden vor dem Anfall (www.epilepsy.com/seizure-dogs/seizure-predicting-dogs). Es wurden kommerziell Trainingsprogramme für Hunde angeboten, die bei ihren menschlichen Schutzbefohlenen Wache halten sollten. Andererseits hat eine wissenschaftlich durchgeführte Studie erheblichen Zweifel am Vermögen von Hunden gezogen, epileptische Anfälle im Voraus zu spüren (Brown und Goldstein 2011).

Auch wenn man an das Vermögen von Hunden glaubt, epileptische Anfälle im Voraus zu erspüren, und sei es mit einem „sechsten" oder „siebten Sinn", so kann man gegenwärtig nicht von einem Beweis sprechen.

Krebs?

Es gibt einige augenscheinlich nach allen Regeln guter wissenschaftlicher Praxis durchgeführte Studien mit eigens trainierten Hunden, die Patienten mit Krebs identifizieren konnten. Beispielsweise wurden Hunden Urinproben von 33 Patienten mit Prostatakrebs vorgesetzt. Zu jeder Urinprobe eines Patienten wurden sechs Proben gesunder Personen daneben gestellt. Es waren Doppelblindversuche. (Doppelblind: Nicht nur die Hunde, sondern auch die Hundeführer wussten nicht, ob und welche Proben von Patienten, welche von gesunden Personen stammten. Mehr zu

Doppelblindversuchen in Kap. 9, Abschn. 9.3). Die Hunde zeigten bei 30 von 33 Proben richtig das ihnen antrainierte Verhaltenssignal (Cornu et al. 2011).

Ähnlich vertrauenserweckend waren auf den ersten Blick Doppelblindversuche zur Identifikation von Patienten mit Lungenkrebs (Atemproben) und Brustkrebs (McCullogh et al. 2006). Bei Lungenkrebs ist die Beurteilung jedoch schwierig. Es wurde nachträglich der Einwand vorgebracht, die Hunde könnten nicht den Krebs, sondern die Medikamente gerochen haben, welche die Patienten erhalten hatten (Ehmann et al. 2012). In der Luft, die wir ausatmen, sind nicht nur Stickstoff, Kohlendioxid (CO_2) und Wasserdampf; es befinden sich darin auch zahlreiche flüchtige Substanzen, die vom Magen-Darm-Trakt stammen (Knoblauchgeruch unseres Atems nach Knoblauchverzehr als Beispiel). Andererseits wurden in einer weiteren Doppelblindstudie Atem- und Urinproben von 93 Patienten Hunden zum Beschnüffeln vorgesetzt. Diese Patienten waren mit dem Verdacht eines Lungenkrebses in eine Klinik eingeliefert worden und die Proben waren noch vor der eingehenden Untersuchung der Lungen entnommen worden. Die Hunde konnten Krebspatienten von gesunden Personen unterscheiden (Amundsen et al. 2014).

Unabhängig von ihren Voreinstellungen und Schlussfolgerungen hat keiner der an solchen Studien beteiligten Wissenschaftler bei der Interpretation der Ergebnisse einen rein geistigen „Siebten Sinn" in die Diskussion gebracht; dies blieb Esoterikern vorbehalten.

4.2 Extrasinne zur Wahrnehmung von Familien- Individualgeruch und bei der Partnerwahl

Hunde haben außer der Riechschleimhaut im oberen Nasenraum ein zweites Riechorgan, das vomeronasale Organ (von), auch als Jacobson-Organ bekannt. Es kommt auch bei vielen anderen Tieren wie Pferden, Stirnwaffenträgern (Rehen, Hirschen, Antilopen, Gazellen, Schafen) vor und auch bei Mäusen (Abb. 4.1). Und die kann man im Labor halten, zwecks Genetik kreuzen, und man kann mit ihnen experimentieren. Das VNO ist spezialisiert auf die Wahrnehmung von Pheromonen, welche im Dienste der sozialen Kommunikation und eines biologisch geordneten Sexualverhaltens stehen. Pheromone zeigen die Zugehörigkeit zu einer sozialen Gruppe (Familie, Clan, Horde) an, synchronisieren bei Herdentieren die Fortpflanzungszyklen, zeigen Paarungsbereitschaft an. In Kooperation mit einem sehr feinen normalen Geruchssinn kann sogar der Individualduft sehr präzise erfasst werden: Die Rehmutter (Ricke) nimmt das Rehkitz nicht mehr als ihr eigenes Kind an, wenn ein mitleidiger Mensch das Kitz berührt und in die Arme genommen hat.

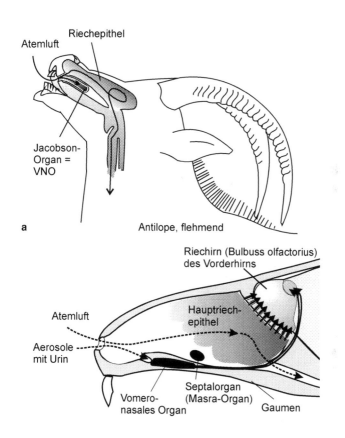

a   Antilope, flehmend

b   Riechsystem der Maus und anderer Nager

Abb. 4.1   Das vomeronasale Organ (VNO), auch Jacobson-Organ genannt, ermöglicht es der Mehrzahl der Säugetiere, solche arteigenen Geruchsstoffe wahrzunehmen, die im Dienste der sozialen Kommunikation stehen und der Klasse der Pheromone zugerechnet werden. **a** Durch Flehmen wird der Eingang zum VNO frei. Der Pferdekenner kennt diese Haltung von Hengsten, welche die Paarungsbereitschaft der Stuten prüfen. **b** Geruchsorgane einer Maus, stellvertretend für die meisten Säugetiere. Sie besitzen

4.3 Gemeinsames Handeln in sozialen Gruppen, gemeinsame Manöver in Schwärmen – ermöglicht durch ein verbindendes geistartiges Feld?

Soziale Gemeinschaften von Tieren, insbesondere Staaten von Insekten wie Bienen und Ameisen, kooperieren in einer erstaunlichen Weise im Dienste der Gemeinschaft. Tiersoziologen sprechen von einem Superorganismus. Auch in Schwärmen von Fischen und Vögeln sowie in Rudeln jagender Wölfe zeugen koordinierte Kursänderungen und synchrone Manöver von Kommunikation, die über die Absprache zwischen einzelnen Individuen hinausgeht. Dieses gemeinsame Verhalten fasziniert jeden Beobachter und regt zu Überlegungen an, wie das wohl möglich sein könnte.

Schwarmbildung und kollektives Verhalten gibt es bereits bei einzelligen Lebewesen, so bei den Amöben der Art *Dictyostelium discoideum* (Abb. 4.1). Diese leben als Individuen ohne Kontakt zu anderen, solange es ihnen gut geht. In Zeiten der Hungersnot werden sie sozial und versammeln sich in Schwärmen, um schließlich gemeinsam

---

außer der klassischen Riechschleimhaut in den oberen Nasenräumen noch im Gaumendach das vomeronasale Organ, das spezialisiert ist auf die Wahrnehmung des Familiengeruchs und damit des Verwandtschaftsgrades einer anderen Maus sowie auf die Wahrnehmung der chemischen Signale (Pheromone), die Paarungsbereitschaft anzeigen. Über die Funktion eines weiteren Organs, des Septalorgans (Masra-Organ) ist kaum etwas bekannt. Nach Müller et al. 2015; vereinfacht.

einen vielzelligen, äußerlich pilzähnlichen „Fruchtkörper"
zu bilden. Zu Beginn der Sammelphase senden im Zentrum
eines Sammelplatzes Schrittmacherzellen alle paar Minuten
pulsförmig ein chemisches Signal (cAMP) aus, das sich
im Flüssigkeitsfilm ausbreitet. Umliegende Zellen, die das
Signal wahrnehmen, senden ihrerseits dasselbe Signal aus,
das sich auf diese Weise immer weiter über ein großes Umfeld ausbreitet. Sogleich nach Empfang eines Signalpulses
bewegen sich die Zellen ruckartig in Richtung der Schrittmacherzellen, wo sie sich alle treffen.

Man kennt die Biochemie der Signalaussendung, des
Signalempfangs und man kennt weitere für die Schwarmbildung wichtige Verhaltensweisen wie die Bildung von
Karawanen. Unter bestimmten Bedingungen können
sich vorübergehend dynamische Spiralmuster ergeben
(Abb. 4.2). All dies lässt sich im Computer simulieren
(weitere Beschreibung und Literatur in Müller und Hassel
2012).

Ungeachtet aller Erkenntnisse neuerer Zeit über
Kommunikation in Sozialverbänden, über Pheromone,
weitere chemische Signale und andere, den normalen bekannten Sinnen zugängliche Signalsysteme (wie Licht-
signale bei Bewohnern der Tiefsee), über die Tanzsprache
der Bienen beharren an das Paranormale glaubende
Autoren, dass Schwarmverhalten nur durch das Wirken
eines gemeinsamen unsichtbaren „Feldes" erklärt werden
könne, das nur dem „Siebten Sinn" zugänglich sei.

„Wir haben bereits gesehen, dass dieses soziale Feld, ein
sogenanntes morphisches Feld, Menschen und Tiere miteinander verbindet und eine Möglichkeit zur Telepathie
zwischen Haustieren und ihren Menschen bietet [siehe

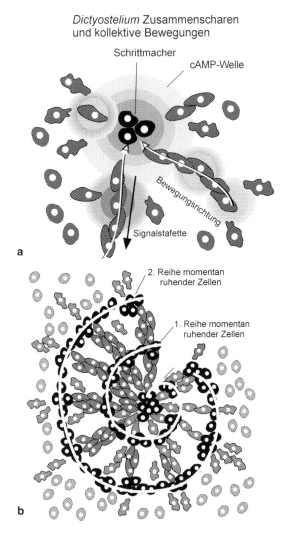

Dictyostelium Zusammenscharen
und kollektive Bewegungen

Schrittmacher

cAMP-Welle

Bewegungsrichtung

Signalstafette

a

2. Reihe momentan
ruhender Zellen

1. Reihe momentan
ruhender Zellen

b

Abb. 4.2 **a** Versammlung (Aggregation) von Amöben der *Art Dictyostelium discoideum*, ausgelöst und dirigiert durch das Aussenden von anlockenden Signalmolekülen (cAMP), **b** Schwarmverhalten, Karawanenbildung und vorübergehende Spiralmuster von Zellen, die momentan in Ruhe sind. Nach Müller und Hassel 2012.

Kap. 6]. Die gleiche Art der Bindung tritt unter Tieren in freier Wildbahn auf, und in dieser Bindung liegen die Wurzeln der Telepathie von Tier zu Tier" (Sheldrake 2011a, S. 189). Beispiele seien die synchronen Manöver von Herden und von Vogel- und Fischschwärmen (Sheldrake 2011a, S. 195).

Demgegenüber verstehen es heutige Informatiker, das Verhalten von Schwärmen mit dem Computer zu simulieren, ohne solche imaginären Felder einführen zu müssen. Ein Pionier solcher Simulationen, Craig Reynolds (www. Craig Reynolds), hatte bereits 1986 drei einfache Regeln aufgestellt, die Mitglieder eines Schwarms beachten sollten und die seinen Berechnungen zugrunde lagen:

1. Bewege dich in Richtung des Mittelpunkts derer, die du in deinem Umfeld wahrnimmst.
2. Bewege dich aber weg, sobald dir jemand zu nahe kommt.
3. Bewege dich in etwa derselben Richtung wie deine Nachbarn.

Für Vögel, die in einer V-Formation fliegen, gelten etwas andere Regeln. Es fällt heute gewieften Informatikern nicht schwer, hierfür Computersimulationen zu entwickeln. Schwarmintelligenz (engl. *swarm intelligence*) ist ein Forschungsfeld der künstlichen Intelligenz (Fisher 2010). In Fischschwärmen, die auch in dunkler Nacht synchrone Manöver durchführen, ermöglichen es, wie Zoologen wissen, die sogenannten Seitenlinien, besondere Sinnesorgane entlang der Flanken des Körpers, die von den Schwimmbewegungen der Nachbarn ausgehenden Druckwellen und Wasserwirbel wahrzunehmen und so den gebührenden minimalen Abstand zu wahren.

Dass elementare Regeln genügen, gemeinsame Bewegungsmuster einzuhalten, zeigen all die Menschen, die bei großen Tanzveranstaltungen, im Synchronschwimmen und in den Eröffnungsfeiern großer Sportveranstaltungen synchrone, vielgestaltig modifizierte Tänze und Gymnastikübungen vorführen. All diese Gruppenmitglieder kommen mit ihren normalen Sinnen aus.

4.4 Nur kurz aufgelistet: Wahrnehmung von polarisiertem Licht, Infrarotstrahlung und Ultraschall

Tierphysiologen wissen viel Interessantes über Sondersinne von Tieren zu berichten (Zusammenstellung in Müller et al. 2015), beispielsweise von:

Polarisationsmuster am Himmel
Hier ist von Tieren die Rede, die mit ihren spezialisierten Augen wahrnehmen können, in welcher Richtung die elektromagnetischen Wellen des Lichtes schwingen, wenn diese Wellen polarisiert sind, das heißt alle in gleicher Ausrichtung schwingen. Solche Tiere, Bienen und Ameisen beispielsweise, aber mutmaßlich auch einige Vögel wie Stare, sehen ein Polarisationsmuster am Himmelszelt (Abb. 4.3) und das verrät ihnen auch bei bewölktem Himmel, wo die Sonne steht; denn sie nehmen mit besonders eingerichteten Augen das Polarisationsmuster speziell des UV-Lichts wahr, das Wolken durchdringt, wenn diese nicht allzu dicht sind. Zusammen mit ihrer inneren Uhr können zum Polarisa-

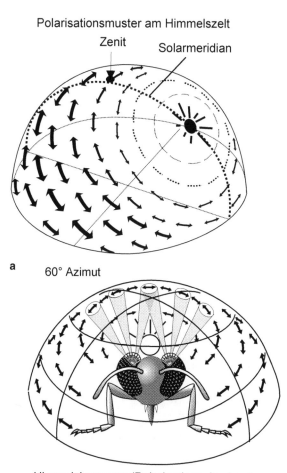

Polarisationsmuster am Himmelszelt

a   60° Azimut

Himmelskompass (Polarisations-Analysatoren
b   in dorsalen Äuglein (Ommatidien)

Abb. 4.3 Polarisationsmuster des Lichts am Himmelszelt, wie es die Biene und andere Insekten wahrnehmen können, möglicherweise auch Stare und andere Zugvögel. Das Muster zeigt ihnen den Stand der Sonne und, in Kooperation mit ihrer inneren Uhr, die Tageszeit und die Himmelsrichtung entlang der Sonnenbahn an. Die

tionssehen befähigte Tiere jederzeit auch die Himmelsrichtungen orten, besonders sicher, wenn sie auch noch wie die Bienen und Zugvögel einen Magnetkompass zur Verfügung haben.

Infrarotstrahlung

Andere Tiere nehmen Infrarot wahr, auch als Wärmestrahlung bekannt, wie Klapperschlangen (Abb. 4.4), Vampire und der Waldbrände aufsuchende Feuerkäfer (Kiefernprachtkäfer *Melanophila*), der in verkohltem Holz seine Eier ablegt.

Ultraschallsonar

Bekannt ist, dass Fledermäuse, Delfine und Wale wie ein Sonargerät der Marine kurze Folgen von Ultraschalllauten aussenden, die von Objekten der Umgebung reflektiert werden. Mit ihrem Sonar hören sie die Umgebung nach Nachtschmetterlingen oder Fischen ab. Ultraschalllaute breiten sich wie der Lichtkegel einer Taschenlampe nahezu geradlinig aus und werden auch wie Licht von Objekten reflektiert (Abb. 4.5), werden aber mit den Ohren wahrgenommen. Fledermäuse verschaffen sich so ein Hörbild ihrer Umgebung, ähnlich, aber vermutlich noch präziser, wie Hunde sich ein Riechbild verschaffen.

Biene besitzt in den oberen Augenpartien spezielle Analysatoren, welche die Schwingungsrichtung der Lichtwellen am Himmelszelt registrieren. Nach Müller et al. 2015; vereinfacht.

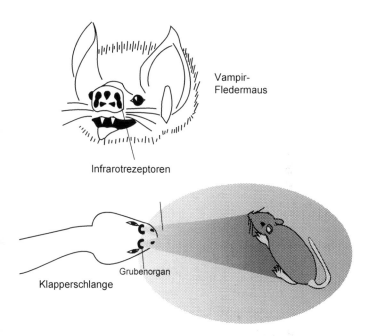

Vampir-Fledermaus

Infrarotrezeptoren

Grubenorgan

Klapperschlange

Abb. 4.4 Infrarotwahrnehmung durch besondere Sinnesorgane bei der Vampirfledermaus und der Klapperschlange. Sie können ihre Opfer auch nachts orten. Nach Müller et al. 2015; vereinfacht.

4.5 Infraschall, seismische Signale und das Telefonfestnetz der Honigbienen

Infraschall ist nicht nur eine Domäne der Esoterik, sondern auch der zoologischen Verhaltensphysiologie. Es mag wohl weniger bekannt sein als das Senden und Hören von Ultraschall, dass eine Reihe von Tieren Infraschall zur Kommunikation benutzt. Infraschall sind tiefe Töne, zu tief,

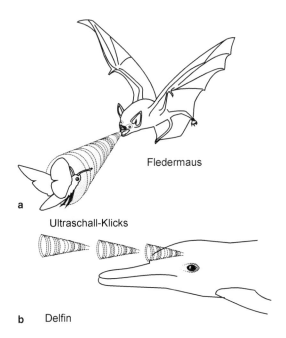

Abb. 4.5 Ultraschallortung (Sonarortung) bei Fledermäusen und Delfinen. Ultraschall breitet sich im Gegensatz zu tiefem Schall nahezu geradlinig aus und kann als eine Art Taschenlampe eingesetzt werden, um schallreflektierende Gegenstände der Umgebung zu orten. Nach Müller et al. 2015; vereinfacht.

als dass unser Ohr sie wahrnehmen könnte (empfindliche Menschen können sehr tiefe Orgeltöne jedoch als Vibrationen auf ihrer Haut wahrnehmen). Infraschall ist Schall mit Frequenzen unter 20 Hz (Hz = Hertz = Schwingungen pro Sekunde der periodisch verdichteten Luft, des Wassers oder des Untergrundes). Infraschall tritt auf als eine Folge mechanischer Kompressionswellen (wie in der Luft und innerhalb flüssiger und fester Körper) und/oder als Folge seismischer Oberflächenwellen (Vibrationen), so auf der Wasseroberfläche oder auf einem elastischen Substrat wie einem Pflanzenteil oder einer Honigwabe. Geht es um Kommunikation zwischen Individuen mittels selbst erzeugter Vibrationen, sprechen Zoologen auch von seismischen Signalen.

Zoologen zählen eine Reihe von Tierarten auf, Wirbellose und Wirbeltiere, denen die Fähigkeit zugesprochen wird, Infraschall wahrzunehmen und in der Regel auch Infraschall selbst zu erzeugen.

Honigbienen erzeugen Infraschall in Form von Vibrationen der Wabe, um ihrem Volk im dunklen Stock mitzuteilen, wie weit entfernt eine ergiebige Nektarquelle ist. Mehr noch: Die oberen Ränder der aus gehärtetem Wachs bestehenden Wabenzellen bilden ein Telefonfestnetz, über das die Tänzerinnen Nachrichten in Form feinster Schwingungen im Volk verbreiten. Nur hochempfindliche Laser-Doppler-Vibrometrie macht diese Schwingungen für uns erkennbar (Tautz 2007, S. 183 ff.). Infraschall senden Blattschneiderameisen aus, wenn sie von rutschendem Sand vergraben werden, um mit ihren Infraschalllauten um Hilfe zu rufen. Sie nutzen Infraschalllaute auch als (angeborene) Sprache zur sozialen Kommunikation. Allerhöchste Empfindlichkeit ist bei den Vibrationsrezeptoren der Spinnen gemessen worden. Mit Sensoren in ihren Beinen, speziell den sogenannten Spaltsinnesorganen, nehmen sie noch Schwingungshöhen (Amplituden) von 1–10 nm (1 Nanometer = 1 Millionstel eines Millimeters) wahr. Nicht nur Netzspinnen, auch auf Pflanzen lauernde Jagdspinnen nehmen über Vibrationsrezeptoren ihre Opfer wahr, wenn diese über ein Blatt laufen. Und Spinnen erzeugen selbst seismische Signale, wenn sie einen Paarungspartner anlocken wollen (Barth 2014). Koreanische Techniker bauen solche

Vibrationssensoren der Spinnen nach; sie könnten als Miniaturmikrofone, Pulsmessgeräte und für vielerlei andere Anwendungen maßgeschneidert gestaltet werden (www.pressetext.com, 11. 12. 2014).

Unter den Wirbeltieren wird Wahrnehmung von Infraschall zugesprochen: Elefanten, Okapis, Giraffen, Flusspferden, Nashörnern, Tigern, Robben, Walen, Delfinen, Chamäleons, Alligatoren, Schlangen, Fröschen, wohl allen Fischen und manch weiteren Tieren mehr.

Welche Vorzüge bietet Infraschall? Während Ultraschall den Vorzug hat, sich geradlinig auszubreiten, jedoch nur eine geringe Reichweite hat, breitet sich Infraschall allseitig aus und hat eine große Reichweite. Infraschall breitet sich besonders schnell und kilometerweit im Erdboden oder im Ozean aus, im Ozean mit ca. 1,5 km pro Sekunde. Große Wale singen und unterhalten sich auch mit Infraschall, der im Ozean Hunderte von Kilometern weit trägt. Elefanten legen ihren Rüssel auf den Boden, trompeten Infraschalllaute und verständigen sich mit diesen Signalen mit kilometerweit entfernten Artgenossen. Wie diese die Signale aufnehmen, ist noch nicht bekannt. Es wird vermutet, dass die Elefanten die Laute mit ihren Füßen aufnehmen. Im Erdboden als Bodenschall fortgetragene Infraschalllaute sind physikalisch nichts anderes als Vibrationen, wie sie auch vor Erdbeben auftreten können!

4.6 Die Wahrnehmung elektrischer Felder und von Senderstrahlung

Eine kurze Einführung zur Physik:

Elektrische Felder entstehen überall dort, wo positive und negative elektrische Ladung getrennt werden, beispielsweise in Wolken vor einem Gewitter. Das Feld entsteht zwischen den getrennten Ladungen. Die Stärke eines elektrischen Feldes wird in Spannung pro Meter (V/m) gemessen; in Gewitterwolken werden Hochspannungen bis zu 200 000 V/m erreicht. Bei einer Distanz zwischen einer aufgeladenen Wolke und der Erde von 1–10 km ergibt dies rechnerisch eine Feldstärke von 2–20 Mio. Volt kurz vor dem Beginn einer Entladung. Der Blitz transportiert Stromstärken von 20 000–300 000 A. Elektrische Felder können jedoch leicht abgeschirmt werden (z. B. durch einen Faradaykäfig).

Magnetische Felder entstehen dort, wo elektrische Ladungen als Strom fließen, beispielsweise entlang einer momentan in Anspruch genommenen elektrischen Stromleitung oder wenn in einem Blitzkanal positive Ladung aus hohen Wolken hinunter zu negativer Ladung in unteren Wolkenschichten oder in der Erde fließt. Im Erdinneren werden Konvektionsströme des flüssigen, eisenhaltigen Magmas als Ursache für das Entstehen des Erdmagnetfeldes angenommen. Die Stärke eines magnetischen Feldes wird in Tesla gemessen. Magnetische Felder können nur schwer abgeschirmt werden. Möglich ist dies mit Helmholtz-Spulen oder -Käfigen (siehe Abb. 4.9).

Elektromagnetische Schwingungen

Hin und her fließender elektrischer Strom (Wechselstrom) erzeugt magnetische Felder, die im Rhythmus des Wechselstroms ihre Richtung ändern. Wenn solche Schwingungen 30 000 Schwingungen pro Sekunde (30 kHz = 30 000 Hz) überschreiten, sind magnetische und elektrische Felder streng gekoppelt und man spricht von elektromagnetischen Schwingungen. Diese können sich von einer Antenne ablösen und im Raum ausbreiten. Solche elektromagnetischen Schwingungen (in der Alltagssprache „Strahlen") im Giga- und Terahertzbereich (THz) übertragen WLAN-, Smartphone-, Rundfunk- und Fernsehsignale. Elektromagnetische Schwingungen eines höheren Frequenzbereiches (789–384 THz = Billionen Schwingungen pro Sekunde) nehmen wir als Licht wahr.

In diesem Abschnitt konzentrieren wir uns auf elektrische Felder; magnetische Felder, speziell das Erdmagnetfeld, kommen im Abschn. 4.8 zur Sprache.

Wahrnehmung elektrischer Felder

Manche wasserlebende oder im Wasser nach Nahrung suchende Lebewesen können elektrische Wechselfelder wahrnehmen, wie sie von der Atemmuskulatur und vom schlagenden Herzen des Opfertieres ausgesendet werden (Abb. 4.6). Dem Arzt sind solche vom Herzen ausgehende Schwankungen des elektrischen Spannungsfeldes als EKG, als Elektrokardiogramm, bekannt. Der Neurologe wiederum nimmt ein EEG, ein Elektroenzephalogramm, auf, das die vom Gehirn ausgehenden elektrischen Wechselfelder aufzeichnet, jene Felder, die im Labor von Gehirnforschern

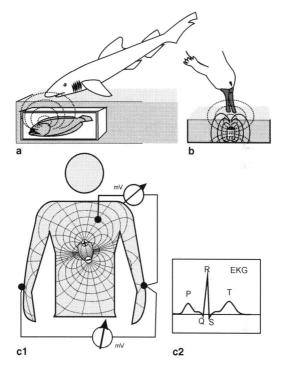

a   b

c1   c2

Abb. 4.6 Elektroortung beim Hai und beim Schnabeltier. Der Hai ortet die verborgene Scholle dadurch, dass er die von den Kiemenbewegungen und dem Herzen ausgehenden elektromagnetischen Schwingungen wahrnimmt. Die beim Menschen vom schlagenden Herzen ausgesandten Schwingungen sind an der Körperoberfläche als EKG, Elektrokardiogramm, mittels Elektroden abgreifbar und werden durch spezielle Voltmeter sichtbar gemacht. Momentaufnahme. Die Polarität des Herzens und das Bild der Linien ändern sich laufend im Rhythmus des Herzschlages. Durchgezogene Linien: Feldlinien. Gepunktete Linien: Isopotenziallinien. Zwischen verschiedenen Isopotenziallinien herrschen Potenzialunterschiede = elektrische Spannungen. Nach Müller et al. 2015; vereinfacht.

zum „Gedankenlesen" durch technische Geräte abgegriffen werden (siehe Kap. 11).

Elektrische Fische senden mittels eines elektrischen Organs „willentlich" elektrische Wechselfelder aus, nehmen deren Verzerrungen durch Objekte der Umgebung mittels vieler über ihre Haut verstreute Miniaturvoltmeter wahr und können sich so in trüben Gewässern und in der dunklen Nacht orientieren. Dass auch landlebende Tiere elektrische Felder wahrnehmen können, war bis vor Kurzem (2013) nicht bekannt. Im Zusammenhang mit der befürchteten gesundheitsschädigenden Wirkung der elektromagnetischen Wellen („Strahlungen"), die von Sendemasten und von unseren Mobilfunkgeräten (Handys, Smartphones) und sonstigen WLAN-Geräten beim Senden von Gesprächen und Bildern ausgehen, sind viele Untersuchungen zu diesem Thema finanziert worden. (Einen sachlichen Bericht über „Elektromagnetische Felder im Alltag" liefert die Landesanstalt für Umweltschutz Baden-Württemberg, herausgegeben unter Leitung von Silny 2002. Allgemeines hierzu findet man auch unter www.bund.net/elektrosmog.) In Hinsicht auf Reaktionen von Tieren auf solchen Elektrosmog war bis 2013 lediglich bekannt, dass Wächterbienen am Eingang ihres Stockes Alarm geben, wenn ein starkes Handy in ihrer Nähe Gespräche funkt.

Neuerdings erfuhr dieses Wissen um die Wahrnehmung elektrischer Felder durch Insekten eine unerwartete Erweiterung. Die Pollen von Blütenpflanzen tragen eine elektrische Ladung. Für Blüten besuchende Insekten wie die Honigbiene oder die Dunkle Erdhummel und andere Insekten ist die Fähigkeit zur Elektrorezeption sehr wahrscheinlich geworden (Clarke et al. 2013). Das durch die Pflanze erzeugte elektrische Feld leitet das Insekt zur Blüte, ihren Duft und ihre optisch wirkenden Farben unterstützend. Allerdings mahnt die Vorsicht des durch manche negative Erfahrungen skeptisch gewordenen Wissenschaftlers, vor dem Vertrauen in die Beweiskraft solcher Befunde erst eine Bestätigung durch andere unabhängige Wissenschaftler abzuwarten.

Wie steht es um Starkstromleitungen? Empfindliche Menschen spüren unter solchen Leitungen unangenehme Gefühle wie Kribbeln auf der Haut oder sehen in der Nacht Lichterscheinungen. Sehr starke elektromagnetische Felder gehen von Blitzen aus. Darüber hinaus senden Blitze elektromagnetische Wellen nicht nur als Licht, sondern auch in Form von Röntgen- und Gammastrahlung aus.

4.7 Wahrnehmen bevorstehender Erdbeben und Vulkanausbrüche

Seit dem Altertum bis in die heutigen Tage gibt es viele Berichte, dass so manche Tiere sich vor Erdbeben und anderen Katastrophen seltsam verhalten, in Panik geraten und flüchten. Es wird dies berichtet von Elefanten, Pferden, Hunden, Mäusen, Ratten, Vögeln (Hühner, Gänse, Tauben), Schlangen, Kröten, Fischen wie Welsen, Bienen und Spinnen. Diese Berichte sind so zahlreich und in einzelnen Fällen auch gut dokumentiert, sodass Zweifel getrost hintangestellt werden können. Wie kann man aber einen stichhaltigen, experimentellen Beweis erbringen und eine Erklärung finden?

Es ist nicht ratsam, in einem Pferdestall oder im Labor mit menschlichen Mitarbeitern ein richtiges Erdbeben und einen richtigen Vulkanausbruch zu organisieren und ablaufen zu lassen. Ein richtiges Erdbeben würde bedeuten, dass nicht nur die Serie der Erdbebenwellen simuliert werden müsste, sondern auch die seltsamen Lichterscheinungen, die Physiker bei manchen Beben registrieren konnten. Bei Vulkanausbrüchen wären außer Erdstößen auch die gewaltigen elektrischen Entladungen, die als Blitze sichtbar werden, zu simulieren und das Austreten vielerlei Gase.

Man kann nur mutmaßen. Auffallend ist, dass die Liste der eben aufgezählten Tiere mehrere Vertreter hat, die außerordentlich empfindlich auf Schwankungen und Vibrationen des Untergrundes und auf Luftbewegungen reagieren können und reagieren müssen. Wir hörten von Infraschallwahrnehmung der Elefanten und vielen weiteren Tieren. Denken Sie auch an Vögel: Jede kleinste Schwingbewegung eines Ästchens, auf dem sie sitzen, jede noch so geringe durch eine Luftbewegung hervorgerufene Verwindung der Flügel muss registriert und augenblicklich korrigiert werden.

Analysiert man die seismografischen Aufzeichnungen der Erdbebenwarten, so sieht man, dass den großen Oberflächenwellen des Erdbodens in aller Regel feinste Vorschwingungen nach Art eines Infraschalls vorausgehen. Wir können diese ebenso wenig wahrnehmen, wie wir die Infraschalllaute eines Elefanten wahrnehmen können.

Darüber hinaus wurden in geophysikalischen Messungen in Nordindien Stunden vor einem für uns Menschen wahrnehmbaren Erdstoß ein plötzlicher Abfall des lokalen geomagnetischen Feldes und Änderungen der Gravitation gemessen (Arora et al. 2012).

Die Art möglicher Gase, welche vor dem großen Ausbruch eines Vulkans durch Ritze des Bodens austreten, ist vielfältig. Es können sein: Wasserdampf (H_2O), Kohlendioxid (CO_2), Schwefeldioxid (SO_2), Schwefelwasserstoff (H_2S), Salzsäure (HCl) und Fluorwasserstoff (HF), ferner Ammoniak (NH3), einige Edelgase wie das radioaktive Radon, Kohlenmonoxid (CO), Methan und Wasserstoff. Die Veränderung der Gaszusammensetzung kann auf einen bevorstehenden Vulkanausbruch hinweisen. Solche Veränderungen wahrzunehmen, dürfte dem Hund ein Leichtes sein.

Wahrnehmbare Gase wie Ozon entstehen auch bei Blitzentladungen. Darüber hinaus sind solche Entladungen nicht nur von Donner, der bis zu 10 km weit hörbar ist, begleitet, sondern auch von Infraschall, der sehr viel weiter reicht. Auch werden Gewitter durch plötzlichen Abfall des Luftdrucks angekündigt. Dieser Abfall hat eine negative, zum Erdboden gerichtete Thermik zur Folge und dies sollte von Vögeln, insbesondere segelnden Vögeln wie Schwalben und Mauerseglern, unschwer wahrnehmbar sein. Sie fallen, wie man in der Luftfahrt sagt, in ein Luftloch. Auch eine plötzliche Änderung des lokalen Erdmagnetfeldes kann für Tiere, die mit einem Magnetsinn ausgestattet sind (siehe folgender Abschnitt), ein Indiz für ein bevorstehendes Erdbeben sein.

Es ist durchaus auch möglich, dass wild lebende Tiere, die ungeschützt jeder Witterung ausgesetzt sind, vor einem Gewitter die aufgeladenen elektrischen Spannungsfelder bereits wahrnehmen, bevor sie sich in hell leuchtenden Blitzen entladen.

Es gibt keinen zwingenden Grund, den Tieren für ihre Fähigkeit, solche Naturkatastrophen vorauszuahnen, einen „Siebten Sinn" zuzuschreiben. Es muss auch gesagt werden, dass manche Erdbeben und Vulkanausbrüche derart plötzlich auftreten, dass auch frei lebende Tiere nicht rechtzeitig gewarnt sind und ums Leben kommen. Trotz all ihrer „sechsten Sinne" oder ihres „siebten Sinns" und ihrer Instinkte, werden auch Tiere in freier Wildbahn hier und da vom Blitz oder von umstürzenden Bäumen erschlagen.

4.8 Magnetfeldorientierung und andere Sondersinne im Dienste der Navigation bei Fernreisen

Unter Navigation wird das Vermögen verstanden, ein fernes Ziel anzusteuern, das nicht mit den Augen, Ohren oder dem Geruchssinn direkt wahrnehmbar ist. Hunderte von Kilometern von ihrem Heimatschlag entfernt aufgelassene Brieftauben sehen ihren Heimatort nicht, Zugvögel sehen von Europa aus ihr Zielgebiet in Afrika nicht.

Es sei hier ein Bericht aus *Die Zeit* zitiert:

Wie fanden die Tauben bloß ihren Weg nach Hause? Die Züchter wussten es nicht. Aber die Wissenschaftler, die er Jahre später an der Universität fragte, gaben vor, das Rätsel gelöst zu haben. Tauben orientierten sich an der Sonne, hieß es erst. Am Geruch, hieß es später. Am Magnetfeld der Erde, sagten andere. Sheldrake befriedigten diese

Antworten nicht. Er würde bald eine eigene Theorie dazu entwickeln.

Rupert Sheldrake erzählte von den Tauben. Er vertritt inzwischen die These, dass Brieftauben dank der morphischen Felder wie durch ein Gummiband mit ihrer Voliere verbunden sind. Und er erklärte seine Idee für ein Schlüsselexperiment: Statt die Tauben wie gewohnt an einem anderen Ort auszusetzen, solle man doch ihr Zuhause, also die Voliere, an einen anderen Ort bringen, am besten mit einem Schiff auf See. Würden die Tauben dann immer noch zur Voliere finden, wäre dies zumindest der Beleg, dass all die Theorien über Magnetfelder, Geruch und Sonnenkompass nicht stimmen können.

Nach der Sendung meldete sich ein bekannter Dokumentarfilmer, der das Experiment mit Sheldrake organisieren wollte. Sie liehen sich Brieftauben von der Schweizer Armee, trainiert auf mobile Volieren. Sie überzeugten die niederländische Marine, die Tauben auf einem Kriegsschiff mitzunehmen und während einer Fahrt in die Karibik etwas Zeit für das Experiment zu opfern. Sie erhielten die Erlaubnis der Nato, Schweizer Tauben auf einem Nato-Schiff mitzuführen. Sie fanden einen pensionierten Seemann, der sich während der Fahrt um die Tauben kümmern würde. Das Futter bezahlte Sheldrake.

Die ersten Flüge waren vielversprechend. Die Tauben wurden mit einem zweiten Schiff ausgesetzt und fanden über 30 Meilen zurück in den Stall auf dem Mutterschiff. Das finale Experiment stand bevor: Das zweite Schiff sollte sich über den sichtbaren Horizont hinaus entfernen, um auszuschließen, dass die Tauben einfach in die Höhe steigen und auf Sicht fliegen. Aber dann, so erzählt es Sheldrake, kam der Auftrag dazwischen, noch einen französischen

Torpedo zu testen. Das Schlüsselexperiment musste ausfallen.

Ärgerlich, dass im entscheidenden Moment oft etwas schiefgeht. Als Sheldrake klein war, hatte er auch Brieftauben. Die Katze hat sie gefressen (www.zeit.de/zeit-wissen/2012/03/Rupert-Sheldrake).

Wie ist nun der derzeitige Wissensstand?

Noch immer machen Spekulationen, Hypothesen und fragwürdige Experimente den größten Teil der einschlägigen, sich wissenschaftlich präsentierenden Literatur aus. Warum?

Es ist nun mal so, dass man nicht über den am Himmel kreisenden und über den Himmel ziehenden Vogelschwärmen den Gang der Sonne, das Sternenzelt in der Nacht und das globale Magnetfeld der Erde verändern kann, um zu sehen, wie eine Vogelschwarm darauf reagiert. Die Art der im Labor machbaren und mit Mühe finanzierbaren Experimente ist sehr begrenzt und die Versuchsbedingungen sind oft weit entfernt von den Bedingungen in freier Natur.

Wir diskutieren hier nur die für Zugvögel (und für Tausende von Kilometern weit wandernde Meerestiere) meistgenannten Navigationssysteme:

Sternenhimmel

Es ist für unseren Verstand undenkbar, dass Vögel die wechselnden Sternenbilder, die auf ihrem Langstreckenflug von Europa bis Südafrika Nacht für Nacht zu erwarten sind, im Gehirn gespeichert haben, zumal sich der Sternenhimmel im Laufe der Nacht dreht. Schon gar nicht denkbar ist, dass unerfahrene Jungvögel solche Bilder von Geburt an in ihrem Gedächtnis gespeichert haben.

Könnte man aber nicht den zentralen Dreh- und Angelpunkt, um den sich der Sternenhimmel im Laufe der Nacht dreht, als Orientierungspunkt nehmen? In der Nordhalbkugel liegt er nahe dem Polarstern und der zeigt uns an, wo Norden ist. Allerdings, um eine für uns mit einiger Sicherheit wahrnehmbare Drehbewegung von gerade mal 15° erfassen zu können, müssen wir den Sternenhimmel nahe dem Horizont eine Stunde lang beobachten (360°: 24 h = 15° pro Stunde). Können das Vögel im Flug?

Immerhin, es gab die Hypothese, Zugvögel könnten das, und eine kleine Forschergruppe (Mouritsen und Larsen 2001) hatte die Gelegenheit, in einem Planetarium den Versuchstieren einen anderen Himmelsdrehpunkt als den Polarstern vorzuspielen (Abb. 4.7). Sie sollen dies bemerkt haben, doch wie? Die Vögelchen saßen einzeln in je einem kleinen Käfig (einem Emlen-Trichter) und sollten bei ihren Versuchen, dem Käfig zu entfliehen, ihre momentane instinktive Vorzugsrichtung bei Freilandflügen kundtun. Für Ornithologen, die Vögel in freier Wildbahn beobachten, keine überzeugende Vorstellung (wie manche Ornithologen mir in persönlichen Gesprächen deutlich sagten; das gilt auch für all die vielen anderen, in vielerlei, auch namhaften Zeitschriften publizierten Experimente, bei denen eine statistisch herausgearbeitete Vorzugsrichtung der Fluchtversuche aus solchen Minikäfigen als Ersatz für Orientierung in freier Luft gewertet wurde).

Magnetfeld der Erde

Das Magnetfeld der Erde böte zwei Parameter an, welche fernziehende Tiere nutzen könnten: Die Richtung der Feld-

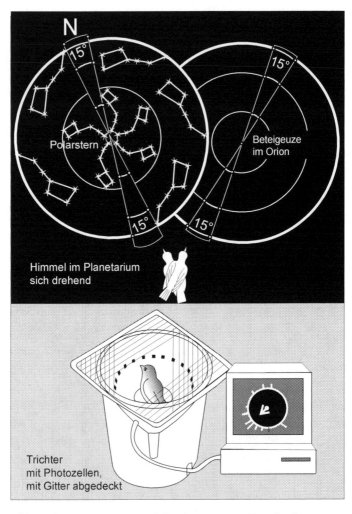

Abb. 4.7 Angenommene Orientierung von Zugvögeln am rotierenden Sternenhimmel. Auf der Nordhalbkugel dreht sich der Sternenhimmel um 15° pro Stunde um einen Punkt nahe dem Polarstern. Um eine Drehung von 15° registrieren zu können, muss der Himmel folglich über eine Stunde beobachtet werden.

linien zeigt die Richtung vom Nordpol zum Südpol an (mit einem gewissen Fehler, weil die magnetischen Pole nicht genau an den Drehpunkten der Erdachse liegen); diese Richtung wird auch von unserem Taschenkompass angezeigt. Die zweite Eigenschaft der Feldlinien ist ihre Inklination, die Neigung der Feldlinien gegenüber dem Erdboden. Dieser Eintritts- oder Austrittswinkel der Feldlinien kann benutzt werden, um die geografische Breite, in der man sich gerade befindet, festzustellen, ob man näher dem Pol oder näher dem Äquator ist (Abb. 4.8). An den Polen ist die Neigung 90°, am Äquator 0°. Diese Grade werden von einem Inklinationskompass angezeigt, wie sie der große Mathematiker und Geophysiker Carl Friedrich Gauß entwickelt hat.

Zahlreichen Fernwanderern im Tierreich wird die Fähigkeit zur Wahrnehmung des Erdmagnetfeldes nachgesagt: Langusten, Meeresschildkröten, Walen und Delfinen, dem amerikanischen Monarchfalter, fernwandernden Fledermäusen und natürlich Zugvögeln.

Was kann man nun tun? Im Labormaßstab ermöglichen große sogenannte Helmholtz-Spulen oder Helmholtz-Käfige Experimente, bei denen das Magnetfeld der Erde überspielt und durch ein künstliches, beliebig ausgerichtetes er-

---

Die Versuche fanden im Planetarium statt. Im Frühjahr orientieren sich die Vögel, hier Trauerschnäpper, nach SW, was sie durch die Vorzugsrichtung beim (vergeblichen) Versuch, dem Käfig zu entfliehen, kundtun sollen. Als Beleg für die Orientierung am sich drehenden Sternenhimmel wurde nach einiger Zeit der Drehpunkt weg vom Polarstern in das Sternbild Beteigeuze im Orion verlagert. Nach Mouritsen und Larsen 2001; Bild aus Müller et al. 2015; hier vereinfacht wiedergegeben.

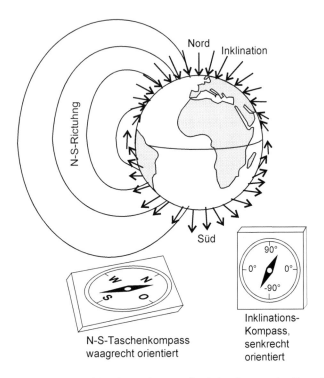

Abb. 4.8 Magnetfeld der Erde. Für die Orientierung der Zugvögel soll die Inklination der Feldlinien von besonderer Bedeutung sein. Sie zeigt an, in welcher geografischen Breite (Entfernung zu den Polen) man sich befindet

setzt wird. In einer solchen Versuchsanordnung lässt sich feststellen, ob ein Tier auf ein künstlich verändertes Magnetfeld reagiert und ob es auf eine vom Versuchsleiter gewählte Richtung des Magnetfeldes dressiert werden kann. Dies ist mit Tauben und jungen Meeresschildkröten gelungen (Abb. 4.9; Mora et al. 2014).

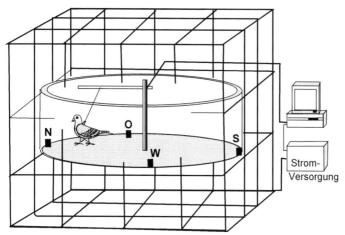

Brieftaube in Laufarena von Helmholtz-Käfig umgeben

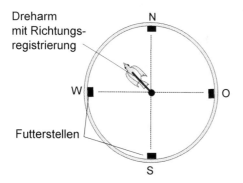

Abb. 4.9 Orientierung im künstlichen Magnetfeld. Brieftauben wurden dressiert, in einer Arena in einer vorgegebenen Richtung zu einer von vier möglichen Futterstellen zu laufen. Die Futterstelle befindet sich in einer vom Versuchsleiter gewählten Richtung zum Magnetfeld. Dieses kann über einen stromdurchflossenen Drahtkäfig verändert werden. Hat die Taube die östliche Futterquelle als die richtige gelernt und wird nach dieser Lernphase die Richtung des Magnetfeldes verändert, steuert die Taube die neue Ostrichtung an. Nach Mora und Bingman 2013; aus Müller et al. 2015; vereinfacht.

Auch bei Langstreckenfliegern unter den Fledermäusen ließen Verhaltensbeobachtungen im Helmholtz-Käfig erkennen, dass sie das Erdmagnetfeld wahrnehmen. Je sechs Fledermäuse einer in China vorkommenden, sozialen Fledermausart aus der Gruppe der Abendsegler, *Nyctalus plancyi,* konnten sich in runden Plastikgefäßen während des Tages einen gemeinsamen Schlafplatz aussuchen. Die Gefäße waren von Helmholtz-Spulen umgeben. Die Tierchen wählten spontan einen gemeinsamen Schlafplatz an dem Ort im Quartier, der am weitesten im Norden war, und dort hingen sie, ihre Gesichter nach Norden gewendet. Wurde durch die Helmholtz-Spule die Nordrichtung verändert, orientierten sich die Tiere um, suchten den neuen Nordplatz auf, ihre Gesichter dem neuen Nordpol zugewendet. Die Tiere hätten, so wird berichtet, noch Feldstärken registriert, die nur 10 µT und damit 1/5 des normalen Erdmagnetfeldes betrugen (Tian et al. 2015). Keine Spekulationen werden auf die Frage verschwendet, warum die Fledermäuse einen nördlich gelegenen Schlafplatz bevorzugten.

Welches nun ist das wahrnehmende Sinnesorgan? Die Spekulationen – es wurden allerlei verschiedene publiziert – konzentrierten sich auf Vögel. In den letzten Jahren wurde viel Hypothetisches publiziert über die Möglichkeit, magnetische Felder mit den Augen wahrzunehmen, die mit einem besonderen Pigment ausgestattet sind, wie dies von Fliegen bekannt ist (Cryptochrom-Hypothese). Für Vögel gibt es indes hierfür keine Laborexperimente, welche Ornithologen, die Vogelzüge in freier Natur beobachten, überzeugen könnten. Die jüngste (und in meiner Sicht glaubwürdigste) Hypothese richtet sich auf Macula-Organe des

Innenohrs, genauer auf das Gleichgewichtsorgan. Dort finden sich kristallartige Nanokügelchen aus Ferritin, das sind Eisen-Protein-Kohlenhydrat-Komplexe, die in ihrem Inneren je 4500 Eisenatome enthalten und die ihre Struktur abhängig von der Orientierung des Magnetfeldes ändern. Solche Ferritinkügelchen sind im Innenohr von Nichtzugvögeln und des Menschen nicht gefunden worden (Lauwers et al. 2013). Zuvor schon konnten andere Forscher zeigen, dass sich die Aktivität von Neuronen in vier Hirnregionen der Vögel, die aus dem Innenohr Meldungen erhalten, je nach Stärke und Ausrichtung eines Magnetfeldes ändert (Scudellari 2012).

Trotz des Nachweises, dass sich Tauben auf die Inklination und Stärke eines Magnetfeldes dressieren lassen (Mora et al. 2014), gibt es noch immer widersprüchliche Aussagen, wie Brieftauben in ihren Heimatschlag zurückfinden und ihren Heimatort wiedererkennen. Nach allem, was die verschiedenen (untereinander oft zerstrittenen) Forscher herausfanden, setzen Brieftauben all ihre auf die Umwelt gerichteten Sinne, ihre Augen, ihr Gehör, ihren Geruchssinn und ihren Magnetsinn zur Ortung ein. Unserem Esoteriker Rupert Sheldrake sind solche Unklarheiten Beweis, dass seine Idee eines morphischen Feldes die wahre Lösung des Problems sei.

Mit dem Vogelzug und großräumigen Tierwanderungen befasste Forscher setzen demgegenüber auf neue technische Möglichkeiten. Forscher am Max-Planck-Institut für Ornithologie in Radolfzell am Bodensee haben unter der Leitung von Professor Martin Wikelski das internationale Projekt ICARUS (*International Cooperation for Animal Research Using Space*) ins Leben gerufen. Den Tieren werden sehr leichte Miniatursender mitgegeben, deren Signale von Satelliten aufgefangen, verstärkt, mit GPS-Informationen ergänzt und an irdische Empfänger weitergeleitet werden. Erste Daten unterstützen die Hypothese, dass der Magnetkompass der Vögel täglich bei Sonnenuntergang nachjustiert wird, der Sternenhimmel aber wenig von Bedeutung zu sein scheint, jedenfalls bei den bis jetzt verfolgten Vogelarten.

Übrigens: Jedermann, auch der Leser dieses Buches, kann mitmachen:

Auf den Spuren von Weißstorch, Waldrapp und Co.: Verfolgen Sie mit der *Animal Tracker App* die Routen von Wildtieren auf der ganzen Welt fast in Echtzeit! Wo sich die Tiere auch befinden, mit der *Animal Tracker App* sind Sie stets dabei – dank GPS-Signalen, die winzige Sender auf dem Rücken der Tiere senden und die in der Online-Datenbank Movebank gespeichert werden (Max-Planck-Institut für Ornithologie, Radolfzell am Bodensee im Internet).

5

„Mein Tier versteht mich!" Können Tiere unsere Gedanken lesen und verstehen, was wir zu ihnen sagen?

In diesem Buch wird besonderes Gewicht auf die Frage gelegt, ob Menschen und Tieren die Fähigkeit innewohnt, Gedanken auf einen Empfänger zu übertragen, auch von Menschen auf geliebte Tiere, gar über weite Entfernungen (Kap. 5 und 6). Im Vorfeld einschlägiger Experimente zur Klärung dieser Frage ist erst zu klären, was der Unterschied von Gedankenlesen und Telepathie ist und ob Tiere unsere Sprache verstehen und unsere Gedanken nachvollziehen können.

5.1 Gedankenübertragung und Telepathie: Was ist damit gemeint?

Von Gedankenübertragung spricht man in der Regel, wenn zwei denkende Wesen sich räumlich wie auch im übertragenen Sinne, in ihrem Empfinden und ihrer Gedankenwelt, nahestehen und in den Köpfen beider Partner gleichzeitig oder in kurzen zeitlichen Abständen ähnliche Gedanken und Gefühle auftauchen. Eine Kommunikation über die Körpersprache, über die visuelle Wahrnehmung der Gesichtszüge und Gesten des Gegenübers, und unbewusste Kommunikation über andere Sinneskanäle sind bei körperlicher Nähe von Sender und Empfänger nicht ausgeschlossen. Wer ein erschrockenes Gesicht sieht oder unbewusst den Angstschweiß des anderen wahrnimmt, wird auch ohne übersinnliche Gedankenübertragung an eine drohende Gefahr denken. Die Situation, in der beide sich gleichermaßen befinden, wird leicht ähnliche Bilder des Geschehens in der Fantasie hervorrufen, auch wenn nur eine der beiden Personen die realen Ereignisse wahrnimmt.

Die Kinder fahren auf der Achterbahn, eine Mutter sieht nach oben und erschrickt; die Begleitperson, sagen wir die Schwester der Frau, wird dies ebenso tun, wenn sie irgendwie das Erschrecken der Mutter wahrnimmt, auch wenn sie soeben nicht nach oben zur Achterbahn geschaut hat.

Um Gedankenübertragung ohne Beteiligung der normalen Sinneskanäle nachzuweisen, müssen die Partner räumliche Distanz wahren. Gedankenübertragung im Sinne von Telepathie meint Übertragung von Absichten und Emotionen über Entfernungen und unter Umständen, die keinerlei Kommunikation über unsere Sinnesorgane mehr ermöglichen und die auch nicht durch irgendwelche elektronischen Geräte vermittelt werden, sondern rein gedanklich.

5.2 Gedankenübertragung zwischen Menschen und Tieren?

Mein Hund versteht mich, weiß wie mir zumute ist, leckt mein Gesicht, wenn mich Kummer übermannt und ich den Tränen nahe bin; er weiß auch, was ich gerade vorhabe, ob ich mit ihm ausgehen will oder doch lieber noch zuhause ausruhen möchte, oder wenn ich gar krank bin. Seine gespitzten Ohren, seine Augen und sein wedelnder oder eingezogener Schwanz zeigen mir, dass er mich verstanden hat.

Meine Katze weiß immer, wenn ich traurig oder niedergeschlagen bin und Trost brauche. Sie kommt zu mir, legt sich auf meinen Schoß, schmiegt ihren Kopf an meine Brust und berührt meine Hand oder mein Gesicht mit ihrer Pfote.

Mein Pferd weiß, was meine Absichten sind, schreitet gemütlich dahin, wenn ich mich bequem entspannen will, verfällt in Trab, wenn ich munter bin und frische Luft um meine Nase streichen soll; es weiß, wenn ich umkehren will, weil ich müde bin oder wir zu Hause erwartet werden.

So oder ähnlich wie in diesen fiktiven Äußerungen berichten viele Tierhalter und Tierfreunde und nicht wenige sind überzeugt, dass ihr geliebter Gefährte und Schatz „meine Gedanken lesen kann".

5.3 Wie denken Tiere und wie er-leben sie die Welt, wie der Mensch?

Wie denken wir Menschen, wie denkt ein Tier, ein Pferd oder ein Hund? Was wir Menschen denken und empfinden, ist teils in unserer biologischen Natur begründet, in heutiger Sprache „in unseren Genen". Zu einem weit größeren An-teil aber ist unser Denken von all den Erlebnissen und Er-fahrungen, die wir im Laufe unseres Lebens erlitten oder gesammelt haben, bestimmt. Es ist von all dem bestimmt, was uns im Elternhaus und der Schule beigebracht wurde und was wir uns durch eigenes Sammeln von Erfahrung, eigenes Lesen und Lernen selbst angeeignet haben. Unser menschliches Denken hat dabei eine Eigenheit entwickelt, die dem Tier fremd ist. Wir denken zumeist in Sprache, führen unhörbare Gespräche, Selbstgespräche und Ge-spräche mit fiktiven oder in Erinnerung zurückgerufenen Mitmenschen, denen wir etwas sagen wollen. Schon allein wegen unserer individuell sehr verschiedenen Lebens-geschichten ist auch das Denken eines jeden Menschen individuell geprägt. Ein Tier, das unseren Wortschatz nie gelernt hat, nicht dieselben Assoziationen mit einem Wort verbinden kann, weil es nicht dieselben Erlebnisse in seinem Gedächtnis gespeichert hat, wird nie unsere Gedanken auf-greifen und sie mit uns teilen können und sei es noch so intelligent. Tiere denken in Bildfolgen ihres eigenen Vor-stellungsvermögens, nicht in Sprache und nicht mit der Fülle von Assoziationen, die unser Gehirn mit Worten und Begriffen verbindet und unser subjektives Erinnerungsver-mögen wachrufen kann. Sie denken nicht in Deutsch oder Englisch.

Bei Tieren, die von Natur aus in sozialen Verbänden leben, liegt es in ihrer Natur, auf ihre Nachbarn zu achten, ihre Mimik und Lautäußerungen zu verstehen oder verstehen zu lernen. Wolfswelpen und junge, von ihrer Mutter abhängige Katzen, werden es lernen müssen, zwischen einer Liebesbezeugung und Abwehr zu unterscheiden. Sie werden bald zu unterscheiden lernen, was Anschmiegen und Streicheln einerseits, was Zähnefletschen und wütendes Fauchen andererseits bedeuten. Sie werden auch verstehen oder verstehen lernen, was weit aufgerissene Augen und plötzliches, kurzes Gekreische bedeuten. So ist es verstehbar, dass sie auch unsere Körpersprache und den Ton unserer Zurufe zu deuten lernen. Schließlich sind unsere Gemütsäußerungen von den ihrigen so verschieden nicht. Hunde haben wie wir eine Gehirnregion, die darauf spezialisiert ist, Gesichter zu erkennen und diese Region spricht ebenso gut auf menschliche Gesichter an wie auf Hundegesichter (Dilks et al. 2015). Und umgekehrt: Schmelzen wir nicht dahin, wenn unser Hund mit leicht schief gehaltenem Kopf seinen treuherzigen oder traurigen „Hundeblick" aufsetzt?

5.4 Können Tiere den Sinn unserer Worte und unsere Sprache verstehen lernen?

Viele Tiere lassen sich auf das Zurufen eines Lautes oder Wortes zu einer vom Trainer gewünschten Reaktion erziehen. Man kennt dies von Hunden, Delfinen, Seelöwen, Papageien, Krähenvögeln und Affen. So manche Tierhalter und Verhaltensforscher, insbesondere tierliebe Frauen, haben darüber hinaus mit gekonntem und langem Training verblüffende Fähigkeiten des Spracherwerbs auch bei Tieren zutage gefördert, vor allem bei Papageien, Hunden und Schimpansen. Ein zweijähriges Kind kann pro Tag etwa zehn Wörter nachplappern oder aufschnappen und im Gedächtnis behalten. Wenn es etwa zehn Jahre alt ist umfasst sein Vokabular an die 60 000 Wörter. Klar, dass man eine solche Leistung von Tieren nicht erwarten kann. Können sie überhaupt die Bedeutung eines gesprochenen Wortes zu erkennen lernen?

5.4.1 Schimpansen und andere Primaten

Bekannt geworden auch bei vielen Nichtzoologen ist die verblüffende Fähigkeit begabter Schimpansen, viele Elemente der menschlichen Taubstummensprache zu lernen und sie zu ihrem eigenen Nutzen anzuwenden. Berühmt wurde die Schimpansendame Washoe, die als erste Schimpansin 250 Begriffe beherrschte, darunter Zeichen der amerikanischen Taubstummensprache Ameslan. Daraufhin haben etliche, von jung auf großgezogene Schimpansen, Gorillas und Orang-Utans nach Angaben ihrer Pflegeeltern Zeichen der amerikanischen Taubstummensprache in einer Reihenfolge zu äußern gelernt, der ihre Absichten und Stimmungen dem menschlichen Partner verständlich machten. Oft zitiert wird die Reihenfolge: „Wenn-Sarah-nehmen-Apfel-dann-Mary-geben-Schokolade-Sarah", die der Psychologe David Premack von der University of Pennsylvania seiner Schimpansendame Sarah entlockte (zitiert nach: Der Spiegel 31, 1986, S. 146).

Es entbrannte ein Glaubensstreit. Kritiker wie der Sprachforscher Thomas Sebeok und der Psychologe Herbert Terrace meinten, die Primaten würden wohl nicht den Symbolgehalt der Zeichen verstehen, sondern lediglich antrainierte Gesten als Werkzeuge benutzen und in Erfolg versprechender Reihenfolge vorführen, um ihre Wünsche erfüllt zu bekommen (Diskussion auf dem Internationalen Kongress der Primatologischen Gesellschaft in Göttingen 1986). Wenn dies so ist, besagt dies jedoch nicht, dass in freier Natur lebende Schimpansen in ihrem eigenen Repertoire an Gesten und in ihrem Repertoire von Grunzlauten nicht doch Gesten und Lautmuster äußern, die eine spezifische Bedeutung bei ihrer sozialen Kommunikation haben und individuelle Hinweise an ein Gruppenmitglied enthalten. Schimpansen können mit ihren Lauten vor bestimmten Gefahren warnen und Emotionen ausdrücken, möglicherweise solche Lautäußerungen auch im Familienverband lernen. Das wären dann nicht Elemente einer menschlichen, sondern einer schimpansischen Sprache. Dafür gibt es in der Tat Hinweise. Beispielsweise senden Affen Alarmsignale an Nachbarn beim Nahen einer Schlange. Die Forscher spielten, ohne dass eine Schlange zu sehen war, mit versteckten Lautsprechern anderen Schimpansen diese Laute vor, versetzten damit die Affen in Alarm und veranlassten sie, nach der Gefahr Ausschau zu halten (Crockford et al. 2015). Schimpansen richten akustische Signale, „hier gibt's Futter", an ausgewählte andere Individuen (Schel et al. 2013) und sie modifizierten ihre Rufe, mit denen sie gefundene Früchte kundgaben, nach Qualität der entdeckten Früchte und deren Menge auf dem Baum (Kalan et al. 2015). Wir hören nur Grunzen; doch mittels

Spektrografen, welche die Laute physikalisch analysieren, fanden die Forscher die Unterschiede.

Noch reichhaltiger ist das Repertoire an Gesten, das Schimpansen zur Übermittlung einer Botschaft zur Verfügung steht. Insbesondere mit ihren Händen können sie spezifische Botschaften ihren Nachbarn übermitteln (Roberts et al. 2014). Dies erklärt vielleicht ihre Fähigkeit und Bereitschaft, Gesten der Taubstummensprache zu erlernen.

Fazit
Um Menschenaffen und ihre Lautäußerungen zu verstehen, müssen sie sorgfältig in ihrem natürlichen Umfeld beobachtet werden. Sie verstehen ihre eigene Sprache, die sie über Jahrmillionen in ihrer natürlichen Umwelt erworben haben. Menschliche Sprachen sind für sie Fremdsprachen, die sie vermutlich nie wirklich zu verstehen lernen, weil die Evolution sie nicht darauf vorbereitet hat. Hingegen scheinen sie die Bedeutung der Körpersprache und von Gesten, mit der eine Botschaft verbunden ist, lernen zu können – eine gute Voraussetzung für ein einvernehmliches Miteinanderleben, aber keine Voraussetzung für das Lesen der Gedanken, Absichten und Gefühle von Menschen, die nicht in Sichtweite sind.

Im Weiteren beschränken wir uns jedoch auf Papageien und Hunde; denn diese sollen nach Erzählungen ihrer Halter oder Halterinnen nicht nur zum Verstehen gesprochener Worte, sondern auch zu telepathischem Gedankenlesen in der Lage sein.

5.4.2 Irene Pepperberg und ihr weltberühmter Graupapagei Alex

Irene Maxine Pepperberg ist eine amerikanische Wissenschaftlerin, die sich um das Erkenntnisvermögen (Kognition) von Tieren, insbesondere von Papageien, verdient gemacht hat und eine Professur für Psychologie an der privaten Brandeis-Universität in Massachusetts und eine Dozentur an der berühmten Harvarduniversität in Boston innehat. Papageien sind, wie der Leser weiß, bekannt dafür, dass sie mancherlei Laute und Worte nachplappern können. Können sie die Worte aber auch verstehen und sinnvoll anwenden?

Frau Pepperbergs afrikanischer Graupapagei Alex, benannt nach dem *avian language experiment*, konnte dies anscheinend. Er war in der Lage, zahlreiche Objekte durch ihre Attribute wie Form, Farbe und Material zu unterscheiden und sie korrekt zu benennen. Im Alter von 25 Jahren konnte Alex das Alphabet aufsagen und 150 Wörter sprechen. Mehr noch, er konnte Worte in einen augenscheinlich sinnvollen Zusammenhang bringen. Frau Pepperberg bringt so manche Beispiele, die verständlich machen, dass sie vom Sprachverständnis ihres Alex überzeugt war. Am Abend bevor er starb, habe er (laut der Zeitschrift *Nature* vom 11. September 2007) wie an jedem Abend gesagt: *„You be good, see you tomorrow. I love you"* (auf Deutsch: „Du sein gut, sehe Dich morgen. Ich liebe dich" (in der deutschen Ausgabe von Pepperberg *Alex und ich* übersetzt als: „Sei brav, ich liebe Dich"); verständlich, dass sich eine innige emotionale Bindung zwischen Frau Pepperberg und ihrem Alex entwickelt hatte. Alex konnte auch abstrahieren, beispielsweise die Anzahl gesehener Objekte durch Sprechen des englischen Zahlwortes angeben. Er lernte die Bedeutung der arabischen Ziffern (Pepperberg 2009). (Als der Papagei 2007 starb, erging es Frau Pepperberg wie einem meiner Mitdoktoranden (Lögler 1959); dieser hatte schon in den 1950er-Jahren am Zoologischen Institut der Universität Freiburg im Breisgau ein Abstraktionsvermögen für Zahlen seines Graupapageis nachgewiesen. Sein Papagei lernte beispielsweise eine gesehene Anzahl von Körnern durch entsprechend häufiges Picken an einer Scheibe anzugeben.) Die Leistungen im Spracherwerb ihres Papageis werden von Frau Pepperberg mit der eines fünfjährigen, seine emotionale Reife mit der eines zweijährigen Kindes gleichgesetzt.

Die verblüffenden Erfolge Pepperbergs hat eine Reihe anderer Damen angeregt, ähnliche oder noch größere Leistungen von ihrem Papagei abzuverlangen. Der Graupapagei N'kisi der amerikanischen Künstlerin Aimée Morgana habe einen Wortschatz von 950 Wörtern erworben und sei in der Lage gewesen, in ganzen Sätzen zu sprechen. Eine Publikation über diese Leistungen zusammen mit Versuchen zu N'kisis telepathischen Fähigkeiten, die sie zusammen mit Rupert Sheldrake gemacht hatte (ähnlich dessen Versuche mit dem Hund Jaytee; siehe Kap. 6, Abschn. 6.2.4) sind publiziert (Sheldrake und Morgana 2003).

Ein wissenschaftlich geschulter, spöttischer Kritiker, der amerikanische Philosophieprofessor und Logiker Robert Todd Carroll (s. Wikipedia) meinte jedoch, man könne aus dem Geplapper eines Papageis leicht das heraushören, was man hören will oder doch für sinnvoll hält. Und er bringt

Beispiele sowie durch Statistik gestützte Wahrscheinlich-keitserwägungen (Carroll, R.T. in *The Skeptic's Dictionary* 25. Januar 2014, http://skeptic.com), in denen er die Daten und ihre statistische Behandlung auseinandernimmt und den Autoren vorwirft, von vornherein die Äußerungen des Papageis mit Blick auf das gewünschte Ergebnis inter-pretiert und die Auswertung gezielt darauf hin ausgerichtet zu haben. 40 % der Äußerungen des Papageis seien von vornherein verworfen worden; Wiederholungen seien in der statistischen Auswertung mal gewertet worden, mal nicht. Selbst der Herausgeber der Zeitschrift habe erklärt, die statistischen Daten seien nicht überzeugend. Nach R.T. Carrolls Ausführungen sind weder echtes Sprachvermögen noch telepathische Fähigkeiten nachgewiesen.

Meine eigene Einschätzung
Bei kritischer Beurteilung der Sprachbegabung von Papa-geien ist ihr Verhalten in freier Wildbahn zu berücksichti-gen. Sie leben in sozialen Verbänden und müssen, ähnlich den Pinguinen, im Schwarm von mitunter Hunderten von Mitgliedern ihre Familienangehörigen an ihren verschie-denartigen, individuellen Lautäußerungen und Stimm-lagen unterscheiden und erkennen lernen. Papageien in freier Wildbahn sollen auch Duette mit unterschiedlichen Lauten halten; die Bedeutung ihres Lautrepertoires ist noch unbekannt. Wichtig für den Papagei (wie auch für den Ver-haltensforscher) ist es, genau zu beobachten, wie der Part-ner reagiert. Papageien sind pfiffig; sie könnten in Erfah-rung gebracht haben, welche Konsequenzen es hat, wenn sie bestimmte Laute und Lautfolgen von sich geben oder ihre Bezugsperson bestimmte Worte spricht.

5.4.3 Das erstaunliche, augenscheinliche Sprachverständnis von Hunden

Man erfährt erstaunt von einem Hund, dem Border-Collie namens Rico, dass er über 200 von seiner Halterin ihm zugerufene Worte mit einem ihm zeitgleich gezeigten Objekt zu verbinden lernte. Er zeigte sein augenscheinlich gelerntes Wortverständnis dadurch, dass er auf Zuruf das betreffende Objekt, zumeist Spielsachen für Kinder, in sein Maul nahm und seiner Halterin brachte. Erstaunlich vor allem war, dass er ein ihm noch nie gezeigtes Objekt mit einem neuen, zuvor noch nie gehörten Wort verbinden und das Objekt der Hundehalterin vorlegen konnte.

Wissenschaftler vom Leipziger Max-Planck-Institut für evolutionäre Anthropologie überprüften in kontrollierten Versuchen das Wortverständnis von Rico. Sie präsentierten 2004 in Berlin die erstaunlichen Ergebnisse ihrer dreijährigen Arbeit. Der Hund musste auf Geheiß im Nebenraum das ihm genannte Objekt unter anderen Objekten aussuchen und seinem ihm vertrauten Versuchsleiter apportieren. Von 40 Versuchen absolvierte er 37 korrekt. Nun wurde sein Vermögen geprüft, von selbst ein unbekanntes Wort mit einem unbekannten Objekt in Verbindung zu bringen. Im Nebenraum lag unter den ihm schon bekannten Objekten ein ihm fremdes; dem Hund wurde ein neues Wort zugerufen; er ging in den Nebenraum und suchte in sieben von zehn Fällen richtig das ihm noch fremde Objekt. Die Studie wurde im renommierten Fachjournal *Science* veröffentlicht (Kaminski et al. 2004).

Kritiker meinen, der Hund habe kein Wortverständnis in unserem Sinne gezeigt, sondern sein Vermögen, ein bestimmtes Lautmuster als Apportierbefehl anzunehmen. Auch andere Hunde dieser Rasse zeigten ähnliches Lernvermögen, so ein Collie namens Chaser, der an die 1000 Worte mit Gegenständen zu assoziieren lernte (zitiert in Van der Zee et al. 2012).

In weiterführenden Versuchen prüften britische Forscher einen Hund gleicher Rasse, den fünfjährigen Border-Collie namens Gable, auf sein Lernvermögen für gesprochene Namen, indem sie die Gestalt der Objekte in den Blickpunkt nahmen und veränderten. Nach den Erfahrungen von Psychologen und Sprachforschern lernen Kleinkinder eine neue Bezeichnung für einen neuen Gegenstand, indem sie sich vor allem die charakteristische Form des Objekts merken; sie achten weniger auf dessen Größe. Das Wort Ball beispielsweise wird mit einem runden Objekt in Beziehung gebracht, ob er nun groß oder klein ist. Dies bestätigte sich in den Versuchen, die jetzt zur Sprache kommen. In einer ersten Vergleichsstudie lernten Menschen, Kleinkinder wie Erwachsene, dass ein 7,5 cm kleiner u-förmiger, mit Stoff überspannter Gegenstand „Dax" heißen solle. In Folgetests wurden ihnen unter verschiedenen Spielsachen zwei formähnliche Gegenstände, die sich aber in den Attributen Größe und Oberflächenbelag vom Original unterschieden, vorgezeigt und sie wurden gefragt, welcher Gegenstand ein Dax sei. Menschen wählten den formähnlichsten Gegenstand unabhängig von seiner Größe.

Nun wurden die Versuche mit Collie Gable wiederholt. In der entscheidenden Versuchsreihe sollte der Hund zwischen zwei Gegenständen wählen, von denen einer mehr oder weniger in seiner Form dem „Dax" benannten Objekt glich, der andere dagegen verschieden war. Er wählte nicht, wie erwartet, den formähnlichsten Gegenstand, sondern den, der dem „Dax" in der Größe am nächsten kam. Hatte Gable einmal gelernt, dass ein L-förmiges Objekt einer bestimmten Größe „Dax" genannt wird, waren für den Hund alle anderen Objekte gleicher Größe ebenfalls ein „Dax", unabhängig von ihrer Form und der Weichheit oder Härte ihrer Oberfläche. In ausgedehnten weiteren Versuchen lernte er neben der Größe noch die Textur (hart, weich, fellartig) als Identifikationsmerkmal zu benutzen. Die Ergebnisse führten die Forscher zu dem Schluss, dass Hunde Namen neuer Objekte nach anderen Kriterien mit dem gesehenen Objekt assoziieren als Menschen. Primär sei die Größe maßgebend, in zweiter Linie die Oberflächenbeschaffenheit. Diese Erfahrungen der Wissenschaftler zeigen, dass das Vermögen eines Hundes, ein zugerufenes Lautmuster auf ein Objekt zu beziehen, sich vom Sprachverständnis eines Menschen unterscheidet. Dieser Unterschied ist für uns ohne eingehende, planvolle Versuche nicht erkennbar.

Meine Interpretation, ein Versuch
Größe und Weichheit oder Härte eines Gegenstandes besonders zu beachten, ist für den Abkömmling des Wolfes ein sinnvolles Erkennungskriterium für geeignete Beute. Der Wolf muss erfassen können, ob ein Objekt als Beute infrage kommt, und er muss die Beute wiedererkennen, wenn er sie begraben hat. Seine Form ist weniger bedeutsam: Sowohl eine kurzbeinige, langschwänzige und mit weichem Fell bedeckte Maus wie auch ein gedrungenes Wildschwein, ein schlankes, hochbeiniges Reh oder ein Elch mit Geweih kommen infrage. Eine Maus jedoch lohnt sich als

Nahrung allenfalls in Hungerzeiten (nicht aber, wenn sie sich beim Zubeißen als harter Stein entpuppen sollte). Eine Maus ins Heimatgebiet des Rudels und zu seinen Welpen zu tragen, ist unergiebig. Ein erwachsener Elch andererseits ist schon recht gefährlich und seinen großen Leib über Stock und Stein zu seinen Welpen zu schleppen, ist große Mühsal und kann am Ende vergebliche Mühe sein (dann muss das Rudel herbeigerufen werden). Rehkitze sind in ihrer Größe optimal und auch erwachsene Rehe sind noch gut zu bewältigen.

5.5 Fazit: Ein Tier erlebt die Welt und reagiert auf uns nach seiner Art

Wir Menschen müssen uns bemühen, das Verhalten eines Tieres aus dessen eigener Perspektive und aus dessen evolutionärer Herkunft zu verstehen. Wir dürfen nicht erwarten, dass sie so wahrnehmen, empfinden und denken wie wir.

6

Der „siebte Sinn" von Tieren: Können sie unsere Gefühle, Absichten und Gedanken auch aus der Ferne wahrnehmen?

6.1 Zum Nachdenken im Voraus: über Erinnerungstreue

Vorab eine Bemerkung über die Wahrnehmungstreue und das Erinnerungsvermögen von uns Menschen.

Wer kennt nicht Gespräche dieserart: „Weißt Du noch damals im Urlaub in Spanien, da war doch …" Der Partner: „Nein, das war nicht in Spanien, das war in …, und die Sache war doch die …" Der Zeuge: „Weißt Du noch, wie dieser Polizist sogleich zugeschlagen hat?" Ein anderer Zeuge: „Nein, er hat erst zugeschlagen, als der Vermummte ihn mit Beschimpfungen provoziert hat." Der erste Zeuge wieder: „Das sehe ich nicht so, es war doch …" Der zweite Zeuge erwidert: „Nein, Du siehst das falsch, es war so …"

Psychologen, Anwälte und Richter, aber auch jeder Mensch, der zu Selbstbeobachtung fähig und willens ist, wissen, wie unser Erinnerungsvermögen uns täuschen kann. Psychologen berichten von Fällen, in denen die

Fantasie des Menschen nicht genau wahrgenommenen Geschehnissen eine plausible Erklärung einredet, beispielsweise bei Unfällen, bei denen in Sekundenbruchteilen nicht die ganze Szene und der vollständige Ablauf erfasst werden können, oder bei gänzlich rätselhaften Erfahrungen, wenn urplötzlich eine Person, eine befremdliche, geisterhafte Gestalt oder ein Objekt zu sehen ist, ohne dass eine Ursache ihres Erscheinens erkennbar ist, und seien es bloße Halluzinationen. Der britische Psychologe und Neurologe Chris Frith (2014, S. 73–77) berichtet über verblüffende Fälle. „Rückschlüsse können falsch sein."

Erinnerung ist nicht Zugriff auf einen Computerspeicher, der eingespeiste Informationen unveränderlich festhält. Erinnerung basiert auf Assoziationsketten zwischen mannigfach gespeicherten Erlebnissen; ihre Niederschrift im Gedächtnis und ihre Abrufbarkeit sind auch von den ungewöhnlichen Umständen der Ereignisse und von der emotionalen Betroffenheit des Individuums abhängig. Oft ist es der unbewusste Wunsch, wie es gewesen hätte sein sollen, der Erinnerungsbilder und vermeintlich gemachte Aussagen in eine bestimmte Richtung kanalisiert, oder es ist der halbbewusste Wunsch, den Gesprächspartner für die eigene Sicht zu gewinnen, oder auch bloß der nicht eingestandene Wunsch, den Partner durch Angeberei zu beeindrucken. Dem kritischen Leser werden bei vielen Aussagen über besondere Leistungen etwa eines Hundes oder Pferdes Zweifel kommen, auch wenn der Erzählende nicht bewusst in Jägerlatein spricht, sondern an seine Behauptungen glaubt. Im Weiteren wollen wir solche (oft berechtigten) Zweifel hintanstellen und Fallbeispiele so entgegennehmen, wie sie erzählt wurden und weiterhin erzählt werden.

6.2 Tiere, die wissen, wann sie sich ihrem Heim oder einem bekannten Orten nähern

Viele Besitzer von Haustieren, insbesondere Halter von Hunden und Katzen, haben ein bemerkenswertes, mitunter rätselhaftes Verhalten ihres Lieblings bei der Heimkehr von einer gemeinsamen langen Reise bemerkt. Manche Katzen miauen laut, wie der Tierliebhaber gerne erzählt, wenn sich das Auto dem Zuhause nähert; Hunde winseln, jaulen oder bellen. Auch meine Familienangehörigen und mit ihnen ich selbst haben oft erlebt, wie unser Spaniel Coco aufgeregt kundtat, dass wir uns unserem Zuhause näherten. Bog das Auto in unser Dorf ein, spätestens 200 m vor dem Haus, wachte der augenscheinlich schlafende Spaniel auf, begann zu jaulen, am Fenster zu scharren und ließ erkennen, wie sehr er sich freute, endlich wieder sein gewohntes Revier zu erreichen. Freilich ist im Falle unseres Spaniels Coco eine Erklärung leicht zu finden. Das Dorf war ihm schließlich wohlbekannt mit seiner komplexen ländlichen Geruchsnote, die von Pferdeställen, Gewässern, Gärten und vielerlei Bäumen ausgeht, und allerlei weiteren Quellen von Gerüchen, die nur für ihn als Hund wahrnehmbar sind. Und ca. 200 m vor dem Haus geht es plötzlich steil bergauf und so auch vor dem Haus der Schwester meiner Frau an einem anderen, weit entfernten Ort. Auch dort ließ er sein Jaulen vernehmen. Der plötzliche Anstieg der Straße ist durch das Aufheulen des Motors und die schiefe Lage des Gefährtes sehr leicht bemerkbar und diese Anzeichen könnten dem Spaniel sehr wohl die Annäherung des Reiseziels angezeigt haben.

In anderen Fällen, die andere Hundehalter erleben konnten, bietet sich eine plausible Erklärung nicht so leicht an. Manchmal sind es mehrere Kilometer vor dem Ziel, dass der Hund aufgeregt aufspringt, schnüffelt und das Auto verlassen will. Dies kann auch geschehen, wenn verschiedene Routen zur Heimfahrt gewählt werden, möglicherweise Routen, die man bisher noch nie gefahren war.

Der Biologe wird an das Zielfindungsvermögen erinnert, das auch Brieftauben und Zugvögel an den Tag legen. Tiere können sich nicht minder als Menschen, die als Nomaden leben, und Menschen, die ein Überlebenstraining absolviert haben oder auch nur viel wandern, vielerlei Charakteristika der Landschaft einprägen, die andere Menschen nie bewusst wahrnehmen. Hunde gar können sich ein räumliches Abbild einer Gegend nicht nur mittels ihres Seh- und Hörsinnes, sondern auch auf der Basis ihres Geruchssinnes verschaffen und einprägen. Sie gewinnen Erfahrung über die besondere Zusammensetzung und die dreidimensionale Herkunft charakteristischer Gerüche, wie dies hypothetisch auch für Brieftauben angenommen wird.

Allerdings liefern nicht wenige Einzelberichte Gründe, das Wiedererkennen bekannter Zielorte nicht allein dem Geruchssinn und dem Gedächtnis für charakteristische Geruchsbuketts zuzuschreiben; denn dann müssten die Windrichtung und Wetterlage einen großen Einfluss haben auf das Vermögen, Orte auf große Entfernungen hin zu orten und wiederzuerkennen. Es gibt jedoch keinen Grund, die Leistung anderer Sinne wie die des Gehörsinnes und des Sehsinnes nicht zu berücksichtigen, wenn nach Erklärungen gesucht wird. Hunde nehmen den Ultraschall der Hundepfeife wahr, sehen noch im langen Ultraviolett des Lichtes. Einen „Siebten Sinn" anzunehmen, dafür gibt es, wenn es um das Wiedererkennen einer bekannten Gegend oder eines bekannten Ortes geht, keinen zwingenden Grund. Neuere Forschungen haben im Gehirn spezialisierte Neurone entdeckt, die dann feuern, wenn im Sehfeld der Augen ein bekannter Ort auftaucht und wiedererkannt wird (Ortszellen *place cells,* Koordinatenzellen *grid cells,* Gustafson und Daw 2011; Lyttle et al. 2013).

Schwer erklärbar sind einzelne Berichte, wonach beispielsweise Katzen und Hunde auch das Nahen eines Zieles, an dem sie noch nie gewesen waren, erkannt und durch ihr Verhalten dessen Nähe kundgetan hätten (Sheldrake 2011a, S. 253). Wer jedoch erfahren hat, wie sensibel manche Tiere auf die Körpersprache ihres menschlichen Gefährten, auf dessen vom Gefühlsstatus abhängige Note seines Schweißaromas, auf dessen Hormonstatus und schließlich auch auf dessen Gesprächston reagieren, wird in Erwägung ziehen, dass die Tiere möglicherweise nicht den Zielort, sondern die Erleichterung und Vorfreude der Insassen des Autos erspürt haben. Bevor dies nicht ausgeschlossen ist, gibt es auch in diesen Fällen keinen zwingenden Grund, einen „Siebten Sinn" und die Einflusssphäre eines „morphischen Feldes" zur Erklärung heranzuziehen.

6.3 Wiederfinden eines Menschen über große Entfernungen und soziale Bindungen zu ihm auch nach dessen Tod

Manche Berichte aus früherer wie heutiger Zeit über erstaunliche Fähigkeiten eines Tieres liest man je nach Einstellung des Lesers mit Bewunderung oder mit ungläubigem

Kopfschütteln, in jedem Fall mit Verwunderung, so Berichte, wenn Hunde ihre menschlichen Gefährten an einem dem Tier zuvor nicht bekannten Ort wiederfinden.

In *Der siebte Sinn der Tiere* (Sheldrake 2011a) werden viele eindrucksvolle und rührende Beispiele aufgeführt, wie Hunde sich um ihre Bezugsperson kümmern, sie bei Trennung über viele Kilometer suchen und wiederfinden oder deren Tod betrauern; auch von Katzen wird Ähnliches berichtet. Viele Leser dieses Buches, ich inbegriffen, werden von ähnlichen Beispielen zu berichten wissen. Wenn man die Leistungsfähigkeit des Geruchssinnes, des Gehörs und weiterer Sinne einiger Tiere, von denen in Kap. 4 die Rede ist, nicht unterschätzt, lässt sich durchaus in diesem oder jenem Fall eine hypothetische Erklärung für solche Verhaltensweisen und Leistungen ersinnen. Es gibt indes Erzählungen, wo meine eigene Gabe, hypothetische Erklärungen zu suchen und auszudenken, überfordert ist und gänzlich versagt.

Es werden beispielsweise folgende Geschichten erzählt: Zwei Dackel suchten und fanden ihre Herrin, obwohl sie mit dem Auto an einen den Hunden fremden Ort gefahren war (S. 261). Ein beim Umzug einer Familie zurückgelassener Hund sei plötzlich in dem 300 km entfernten neuen Wohnort der Familie aufgetaucht und auf seinen einstigen Halter zugelaufen (S. 262). Eine Katze sei gar über 1600 km durch unbekanntes Gebiet zum neuen Haus der umgezogenen Familie gelangt (S. 263). Zwei Geschichten handeln von Mutterkühen, die ihre verkauften, an fremden Orten weilenden Kälber fanden; in einem Bespiel war der fremde Ort 10 km, im anderen 50 km entfernt (S. 266, 267). Wenn selbst der feine Geruchssinn eines Tieres überfordert ist, wie sollten da die Tiere dieser Erzählungen den fremden Ort herausgefunden haben, an dem die gesuchte Person oder der gesuchte Nachwuchs sich aufhielten?

Für Rupert Sheldrake (RSh) sind solche Begebenheiten Beweise für die Existenz der von ihm postulierten, den normalen Sinnen unzugänglichen „morphischen Felder". Sie verbinden zum Mitgefühl fähige Tiere und Menschen, ermöglichen und erwecken soziales Verhalten und sind über beliebig lange Distanzen wirksam. Sie sollten allerdings, wird man meinen, mit dem Tode des Menschen erloschen sein. Sie bleiben jedoch nach RShs Auffassung auch nach dem Tode der Bezugsperson noch erhalten. Begründet wird dies mit der Geschichte eines Hundes, der das Grab seines früheren Herrn besuchte. Ein Wachhund namens Sultan habe Wochen nach der Beerdigung das fünf Kilometer entfernte, ihm nie gezeigte Grab seines geliebten Herrn gefunden, um dort Totenwache zu halten. Hier ist er zufällig von einer ehemaligen Angestellten des Hundehalters beobachtet worden (S. 264). RSh hält es (anders als ich) für unwahrscheinlich, dass Sultan auf seinem tagelangen Umherschweifen auf der Suche nach seinem vermissten Herrn schließlich auch Spuren von Angehörigen und vertrauten Angestellten des Verstorbenen abgesucht habe; ein Verweilen am Grab könnte auch durch die hohe Dichte und Intensität solcher Spuren im Umfeld des Grabes motiviert worden sein. Es fehlen auch Beobachtungen oder Auskünfte, wann der Hund erstmals das Grab gefunden hat; es könnte bereits viel früher gewesen sein, solange die Spuren noch frischer waren.

Die Tatsache, dass es gegenwärtig für solche rätselhaften Einzelgeschichten keine Erklärung gibt oder allenfalls spekulative Hypothesen erdacht werden können, ist jedoch noch kein Beweis für das Wirken übersinnlicher Kräfte. Viele Ereignisse, die in früheren Jahrhunderten als Wunder angesehen wurden, basieren auf zweifelhaften, fehlerhaften oder unvollständigen Beobachtungen oder haben später doch eine natürliche Erklärung gefunden.

6.4 Zukunftswissen (Präkognition) bei Tieren?

Wir diskutierten bereits die Fähigkeit vieler Tiere, Erdbeben und andere Katastrophen vorherzusagen (Kap. 4, Abschn. 4.7). In diesen Fällen ist es naheliegend, Ereignisse geophysikalischer Natur als Signale für die Auslösung ihres instinktiven Fluchtverhaltens anzunehmen.

Wir haben auch von der erstaunlichen Fähigkeit mancher Tiere berichtet, (möglicherweise) das Nahen eines epileptischen Anfalls wahrzunehmen und die steigende Todesgefahr eines an schwerem Diabetes leidenden Menschen mitzuteilen. In diesem Fall waren es bestimmte, mit dem Geruchssinn wahrnehmbare biochemische Stoffwechselkomponenten, welche die erkrankten Menschen ausscheiden und die Hunde mit ihrem exzellenten Riechsinn wahrzunehmen vermögen (Kap. 4, Abschn. 4.1). Möglicherweise können auch jene anderen Fälle, in denen treu ergebene Hunde augenscheinlich den nahen Tod einer geliebten Bezugsperson wahrnehmen, darauf zurückzuführen sein, dass der treue Hund ungewöhnliche, uns nicht zugängliche Gerüche wahrnimmt.

Wie steht es nun mit jenen Fällen, in denen Hunde und andere Tiere angeblich einen bevorstehenden Angriff durch noch weit entfernte Bomber oder mit Überschall anfliegende Raketen erahnten und dies durch Anzeichen von Furcht kundtaten oder Alarm schlugen (Sheldrake 2011a, S. 307–314)? Und wie steht es mit den vielen Fällen, in denen Pferde oder Hunde in augenscheinlicher Vorahnung einer drohenden Gefahr oder eines Unglücks sich weigerten, den Weg fortzusetzen? Wie ist das Verhalten einer Katze zu erklären, die sich stets dann, wenn es zum Tierarzt gehen sollte, versteckte (Sheldrake 2011b, S. 36)? Ich weiß es nicht, doch sei gesagt: Es gibt Abertausende Fälle von ängstlichem, unruhigem oder sonst wie ungewöhnlichem tierischen Verhalten, denen kein Todesfall, kein Unglück, keine Katastrophe, kein Gang zum Tierarzt folgt.

Es wird in diesem Buch wieder und wieder betont, dass nicht nur die anscheinend positiven Fälle paranormaler Fähigkeiten beachtet und gewertet werden dürfen; es müssen diesen die unzähligen Fälle gegenübergestellt werden, in denen eine solche Fähigkeit nicht zutage trat, das Tier nicht erkennen ließ, dass es den Tod einer Person oder den Bombeneinschlag im Voraus erkannte. Nur aus der Gegenüberstellung von positiven und negativen Resultaten lässt sich die Wahrscheinlichkeit eines bloßen Zufalls errechnen (siehe Kap. 9, Abschn. 9.3, Tab. 9.1). Schiere Zufälle, unserer Wunschvorstellung gemäße Wahrnehmung und selektive Erinnerung gaukeln uns oft scheinbar ursächliche Zusammenhänge vor.

6.5 Hunde, die wissen, wann ihre Halter nach Hause kommen

6.5.1 Oft gemachte Erfahrungen: Wir werden erwartet

Es geht jetzt nicht um Gedankenlesen durch unsere Hunde, wenn sie unsere Körpersprache beobachten, unseren veränderten Geruch wahrnehmen oder unsere schimpfenden Laute hören und sie ihren Schwanz einziehen oder wenn sie sehen, dass wir uns zum Ausgehen bereitmachen, und sie freudig mit dem Schwanz wedeln.

Es geht um augenscheinliche Gedankenübertragung über große Entfernungen, wenn die Tiere uns Menschen in unserem Tun *nicht* über ihre Augen, ihr Gehör oder ihren Geruchssinn wahrnehmen können, aber doch zu wissen scheinen, was wir momentan vorhaben und sie unsere Absichten und Gedanken in Erfahrung bringen. Es geht hier um Hunde und andere Tiere, die wissen, wann ihre Halter nach Hause kommen. Ist dies Gewohnheit oder können Tiere die Absicht ihrer sehnsüchtig erwarteten Bezugsperson, sich auf den Heimweg zu machen, auf die Entfernung mitempfinden? Gibt es gar echte Gedankenübertragung über Entfernungen hinweg?

Hunde, die wissen, wann ihre Besitzer nach Hause kommen – so heißt, wörtlich übersetzt, Sheldrakes Buch *Der siebte Sinn der Tiere* im Original; dessen Titel lautet: *Dogs That Know When Their Owners Are Coming Home*. Es geht darüber hinaus um ähnliche Beobachtungen und Erfahrungen, die er in diesem Buch und anderen Publikationen beschreibt und die vielen Tierhaltern und Tierbeobachtern durchaus vertraut sind.

Rupert Sheldrake, hinfort RSh abgekürzt, beschreibt in einer von viel Sympathie für feinfühlige Tiere und ihre treu sorgenden menschlichen Partner zeugenden Sprache zahlreiche Beobachtungen von Tierhaltern, deren Haustiere durch ihr Verhalten eindeutig kundtun, dass sie bald die Heimkehr ihrer geliebten Bezugsperson erwarten. RSh sammelte nach seiner Angabe 585 solche Berichte. So manches Haustier zeigt durch sein Verhalten die bevorstehende Heimkehr seiner gewohnten Pflegeperson an. Viele Leser auch dieses Buches werden wie auch meine Familienangehörigen und ich selbst von ähnlichen Erfahrungen zu berichten wissen. Der Hund erwartet sein Herrchen oder Frauchen schon freudig wedelnd an der Haustür, noch bevor er die erwartete Person mit seinen Sinnen wahrnehmen kann, weil man beispielsweise zu diesem Zeitpunkt noch im Büro, im Auto oder in der U-Bahn sitzt. In anderen Fällen versteckte sich der geängstigte Hund, wie erzählt wurde, wenn sich eine gefürchtete Person näherte. Ähnliche Geschichten werden von Katzen und vielen weiteren Arten, die als Haustiere gehalten werden, wie Papageien, Sittiche, Hühner, Gänse, Totenkopfaffen, Pferden und Schafen berichtet, nicht hingegen von Reptilien wie Schildkröten oder von Fischen, die keine sozialen Bindungen zum Menschen eingehen. Es sind vornehmlich Säugetiere und Vögel, denen man erhöhte Intelligenz zuschreibt, die unter ihresgleichen und auch zu dem Menschen, der sie in Obhut hält, füttert und pflegt, augenscheinlich Zuneigung und langfristige persönliche Verbundenheit entwickeln können, besonders wenn sie von klein auf aufgezogen werden.

Für RSh sind diese auf Tiere mit sozialen Bindungen zu menschlichen Gefährten beschränkten, von

hoffnungsvollem Erwarten zeugenden Verhaltensweisen
Belege für telepathische Fähigkeiten der Tiere, vor allem in
den Fällen, in denen die Tierhalter oder sonstige Bezugs-
personen zu unregelmäßigen Zeiten heimkehren. Jeder, der
an solche außersinnlichen Fähigkeiten der Tiere eh schon
glaubt, wird sich durch die Vielzahl solcher Berichte aus
aller Welt unweigerlich in seiner Überzeugung bestätigt sehen. Für RSh sind die Berichte auch Beweise für die Existenz der von ihm postulierten „morphischen Felder", durch
die miteinander vertraute Lebewesen über große Entfernungen verbunden seien (siehe Kap. 10).

Macht man sich die Mühe, als Skeptiker oder gar als
wissenschaftlich geschulter Biologe, Verhaltensforscher
oder mit Umfragetechniken vertrauter Psychologe, Sozio-
loge oder Werbefachmann die Berichte kritisch zu lesen,
kann man auf Lehrstücke stoßen, wie erhoffte Ergebnisse
zustande kommen können, auch wenn die gesammelten
Daten nicht gefälscht, nicht absichtlich und bewusst
passend ausgewählt sind und die Auswertung der Daten
statistische Signifikanz errechnen lässt. Statistische Signifikanz besagt, wie in Kap. 9, Abschn. 9.3 erläutert wird,
dass die Ergebnisse mit großer Wahrscheinlichkeit nicht
durch bloßen Zufall zustande gekommen sind.

Erzählungen ohne präzise Beschreibung der ganzen Umstände und Einzelbeobachtungen ohne Wiederholungen,
haben nun mal keine Beweiskraft. Aber auch Berichte über
„regelmäßiges" Verhalten ohne Angaben, wie oft und wie
präzise das Erwartungsverhalten des Hundes mit dem Zeitpunkt der Heimkehr der geliebten oder gefürchteten Person
übereinstimmte, wie oft andererseits seine Erwartungen
nicht erfüllt wurden, sind für Außenstehende und Statistiker

nicht nachprüfbar. Solche Erzählungen können bloß geglaubt werden, ein Glaube, der durch die Fülle vieler ähnlicher, anderer Einzelbeobachtungen bestärkt werden mag, aber eben doch statistisch auswertbare Daten nicht ersetzen kann, wie sie die „Arroganz" des Wissenschaftlers fordert. „Aber manche Leute tun aus Prinzip alle Aussagen von Hundehaltern einfach ab. Eine derart zwanghafte Skepsis rührt von dem Dogma her, dass Telepathie unmöglich sei … Sie [die Vorurteile] sind nicht wissenschaftlich, sondern antiwissenschaftlich" (Sheldrake 2011a, S. 53).

6.5.2 Der Hund, der merkte, dass die erwartete Person ihr Vorhaben änderte

Ein Mann namens Radboud Spruit besuchte mehrfach in der Woche seine Mutter. Diese stellte fest, dass der Hund etwa zehn Minuten im Voraus an der Gartentür auf ihn wartete, das heißt, er begann mit dem Warten ein paar Minuten bevor Spruit tatsächlich aufbrach. „Eines Tages rief meine Mutter mich an und fragte, ob ich vorgehabt hätte, sie am Tag zu besuchen; denn der Hund habe auf mich gewartet. Ich hatte sie tatsächlich besuchen wollen, aber es mir anders überlegt. Meine Mutter erzählte mir, dass der Hund nach 15 min ganz verwirrt gewesen sei, als ich nicht kam" (Sheldrake 2011a, S. 63).

Der Skeptiker fragt: Hat der Hund ausschließlich nur an den Tagen, an denen Spruit die Absicht eines Besuches hatte, an der Gartentür gewartet und wenn der Hund auf die Distanz diese Absicht erkannt hat, warum nicht die Änderung der Absicht?

Ich beschränke mich auf zwei weitere Beispiele, wobei das zweite Beispiel auf den ersten Blick auch die Kriterien einer wissenschaftlichen Studie zu erfüllen scheint.

6.5.3 Ein zweites Beispiel und die nicht beachtete innere Uhr

Wenn sich Louise Gavit aus Morrow in Georgia auf den Heimweg macht, geht BJ, der Hund der Familie, zur Tür. Louise Gavits Mann hat entdeckt, dass BJ das immer wieder macht, und nachdem sie sich die Zeiten notiert hatten, stellten die Gavits fest, dass BJs Reaktionen gewöhnlich dann einsetzten, wenn Frau Gavit sich entscheidet, heimzukehren, oder dann zu irgendeinem Fahrzeug geht, mit dem sie die Heimfahrt antreten will – selbst wenn sie viele Kilometer von zu Hause entfernt ist.

Frau Gavit erläutert: „Ich komme auf ganz unregelmäßige Weise heim – ich nehme meinen eigenen Wagen, den meines Mannes, fahre mit einem Lastwagen oder ich gehe zu Fuß; irgendwie reagiert BJ trotzdem auf mein Denken oder mein Handeln. Sogar wenn er mein Auto noch in der Garage stehen sieht, reagiert er" (Sheldrake 2011a, S. 49).

Der Fall wird in RShs Buch später nochmals aufgegriffen. „Schließlich gibt es auch Hunde, die auf die Absicht von Menschen nach Hause zu fahren, zu reagieren scheinen, und zwar noch bevor diese tatsächlich losfahren. Louise Gavits Hund BJ ist ein Beispiel. Sie kommt und geht nicht regelmäßig. Nachdem ihr Mann BJ zu Hause beobachtet hat, haben die Gavits herausgefunden, dass der Hund normalerweise folgenderweise reagiert: „Wenn ich den Ort verlasse, an dem ich gewesen bin, und zu meinem Auto gehe, geht er zur Tür, legt sich davor auf den Boden und richtet die Nase zur Tür … – seine Reaktion erfolgt anscheinend zu der Zeit, da mir der Gedanke kommt, heimzufahren, und da ich mich anschicke, zu meinem Auto zu gehen, um nach Hause zu fahren" (Sheldrake 2011a, S. 55).

Der Skeptiker wendet ein: RSh erkennt zwar an: „Zweifellos haben sich einige Hunde daran gewöhnt, die Rückkehr ihres Halters zu routinemäßigen Zeiten zu erwarten" (Sheldrake 2011a, S. 46) und spricht von „Zeitempfinden" (Sheldrake 2011a, S. 72), erwähnt aber nirgends explizit die innere Uhr, die jedes Tier wie auch der Mensch hat.

Innere Uhren

Wie in Kap. 3 ausgeführt, besitzen alle bisher dahingehend untersuchten Lebewesen, von einfachen Einzellern bis zum Menschen, innere Uhren, deren molekulare Struktur in ihren wesentlichen Komponenten bekannt ist (siehe Abb. 2.3). Bei Wirbeltieren gibt es mehrere davon: Leberzellen ticken anders als die Hormonproduzenten der Epiphyse im Gehirndach und der Hypophyse an der Unterseite des Gehirns. Bei Säugetieren gibt es darüber hinaus eine innere Zentraluhr, die zwar Information vom Auge aufnimmt, aber autonom einen 24-h-Gang hat und über das Hormonsystem die anderen Uhren im Körper synchronisiert. Diese Zentraluhr sitzt im Hypothalamus des Gehirns oberhalb der Kreuzung der Sehnerven und heißt SCN (Suprachiasmatischer Nucleus, siehe Abb. 3.1). Die Uhr besteht aus einer Ansammlung von Nervenzellen, die im 24-Stunden-Rhythmus ihre elektrischen Aktivitäten anheben und sinken lassen und Verbindungen zum Hormonsystem haben. Die Uhr kann recht präzise gehen; folglich können Hunde sich minutengenau auf die Heimkehr ihres geliebten Partners einstellen, sofern dieser tagtäglich zu exakt derselben Zeit ankommt.

Die Uhr der Tiere wie auch die des Menschen ist aber flexibel, kann im Bedarfsfall auch plus/minus drei Stunden pro Tag verstellt werden oder das Zeitfenster kann im Laufe der Zeit verschoben, geweitet oder verengt werden. Zudem sind viele Tiere, so auch Hunde wie wir Menschen, in der Lage, mittels ihrer inneren Uhr und weiteren, im Gehirn arbeitenden Taktgebern Zeitspannen abzuschätzen. Wenn der Hund die Erfahrung gemacht hat, dass die Heimkehr zu unregelmäßigen Zeiten erfolgen kann, wird er sein Erwartungsverhalten in einem entsprechend breiten Zeitfenster an den Tag legen.

Der Skeptiker fragt deshalb: Was heißt „unregelmäßig“ bei der Ankunft zu Hause? Wie groß ist die Streubreite bei der Ankunft, wie groß sind das Zeitfenster und die Toleranz des Hundes beim Warten? Da, wie erzählt wird, der Hund früh zu warten begann und gegebenenfalls weiterhin wartete, bis er den Wagen in der Garage sieht oder hört, ist offensichtlich das Zeitfenster seiner Erwartung sehr weit.

Auch in anderen Erzählungen werden augenscheinliche Erwartungssignale des Hundes innerhalb eines großen Zeitfensters mit Ereignissen in Beziehung gebracht, die mit der Heimkehr des Halters in Beziehung stehen, sei es dessen erster Gedanke ans Heimgehen im Büro, sei es das Besteigen eines Fahrzeuges, eine Begebenheit auf der Heimfahrt oder die Ankunft an der Haustür. Etwas Passendes wird sich wohl immer als „Beleg“ für Telepathie finden lassen.

6.5.4 Jaytees Vorahnungen, endlich Experimente und die verflixten Regeln strenger Wissenschaft

Da das folgende Beispiel Beweiskraft zu haben scheint, soll es hier ausführlich geschildert werden. Akteure sind der fünf Jahre alte Mischlingsterrier Jaytee und seine Halterin Pamela Smart, kurz Pam genannt. Wenn Pamela zur Arbeit fuhr, ließ sie ihren Hund im Hause ihrer Eltern zurück. Vier Jahre lang kehrte Pamela regelmäßig zwischen 17:15 Uhr und 18:00 Uhr von ihrer Arbeit als Sekretärin heim und wurde, wie ihre Eltern bemerkten, ab 16:30 Uhr von Jaytee an der Tür zur Veranda (*porch*) erwartet. Dann wurde Pamela arbeitslos, war oft stundenlang unterwegs und kam zu unregelmäßigen Zeiten zurück. Jaytee soll immer noch den Zeitpunkt ihrer Rückkehr vorausgeahnt haben.

1994 las Pamela einen Artikel von Rupert Sheldrake und setzte sich mit ihm in Verbindung. Es folgte eine ca. neun Monate währende Zeit, in der Pamelas Eltern Tagebuch führten. Es gab 100 Eintragungen über den augenscheinlich wartenden Terrier (Kriterien für Erwartungshaltung nicht definiert). Pamela ihrerseits machte während ihrer Abwesenheit ebenfalls Notizen: über ihre Gedanken ans Heimgehen, den Antritt der Heimreise, das gewählte Verkehrsmittel, die Ankunft zu Hause. In 85 von 100 Fällen wurde sie von Jaytee vor der Tür zur Veranda erwartet, „normalerweise zehn oder mehrere Minuten im Voraus" (Sheldrake 2011a, S. 73). Die von Sheldrake und seinen Mitarbeitern statistisch ausgewerteten Daten zeigten signifikante Übereinstimmungen zwischen den registrierten Reaktionen des Hundes und der Zeit, zu der Pamela ans

Heimgehen dachte, aufbrach oder sich auf dem Heimweg
befand. Die Entfernung vom Startort zum Haus (gewöhnlich etwa 6 km, aber auch bis 30 km) war offensichtlich
nicht von Bedeutung, ebenso wenig das Gefährt, mit dem
sie heim fuhr (mit dem Fahrrad, Zug oder Taxi). Pamelas
Eltern wussten nicht immer, wann sie nach Hause kommen
wollte (berichtet in Sheldrake und Smart 2000).

Die Öffentlichkeit wird aufmerksam gemacht
Nun (1994) trat ein Team des österreichischen Fernsehens
auf den Plan. Jaytees Verhalten zu Hause sollte mit einer Vi-
deokamera dokumentiert werden und parallel dazu wurde
Pamela auf ihrem Ausflug von einem Kamerateam beglei-
tet. Nach einigen Stunden wurde Pamela vom begleitenden
TV-Team aufgefordert, sich auf den Heimweg zu machen.
Auf den Videoaufnahmen wurde das Warten Jaytees an der
Tür registriert; es wurde aber darüber hinaus alles, was als
erwartungsvolle Reaktion gedeutet werden kann, wie Ohrenspitzen, als positives Signal seiner Erwartung gewertet.
Auch wurden nachträglich nach der Ankunft Pamelas die
Aufnahmen nach Hinweisen auf positive Signale des Hun-
des abgesucht.

Die TV-Sendung, zumal die gezeigten Ausschnitte der
Videoaufnahmen, und die augenscheinlichen Erfolge Jaytees erregten großes Interesse der Medien, insbesondere in
der TV-Sendereihe *World of the Paranormal.* „He [Jaytee]
does it every time Pam goes out. He's psychic" („Er [Jay-
tee] tut dies jedes Mal, wenn Pam ausgeht. Er ist übersinnlich."(Mitgeteilt von Wiseman et al. 1998))

Will man die Daten, die RSh in *Der siebte Sinn der Tiere*
wiedergibt, als Leser selbst nachprüfen, wird man schnell
gewahr, dass dies nicht möglich ist. Waren die Startzeiten,

zu der Pamela ihre Heimkehr beginnen sollte, zufallsge-
mäß über den ganzen Tag gestreut? Sie waren es nach einer
Bemerkung im Anhang S. 346 und wie explizit in später
durchgeführten Versuchen (Sheldrake und Smart 2000) gesagt nicht, sondern lagen innerhalb vereinbarter Zeiträume
und waren überwiegend auf die Abendstunden konzentriert. Wie war jeweils die Reaktion des Hundes genau? Welche Kriterien wurden in jeder einzelnen Situation gewählt,
um eine Reaktion des Hundes als positives Signal zu wer-
ten? Solche detaillierten Daten mutet Rupert Sheldrake seinen Lesern (verständlicherweise) nicht zu; es sind schließlich nicht nur Wissenschaftler, die er ansprechen will.

Die Bitte eines bekannten Kritikers paranormaler
Phänomene, Richard Wiseman, an den ORF, die Filmaufnahmen einsehen zu dürfen, wurde abschlägig beschieden;
die Bänder seien verloren gegangen (Wiseman et al. 1998).

Überprüfung im Beisein des Kritikers

Man war von den telepathischen Fähigkeiten des Hundes
voll überzeugt und riskierte es 1995 auf Anraten von Jour-
nalisten, den eben genannten Kritiker paranormaler Phänomene, den früheren Zauberkünstler und professionellen
Psychologe Richard Wiseman, an den Experimenten teilnehmen zu lassen. Wiseman forderte strengere Kriterien.
Pamelas Rückkehr sollte nicht genau vorhersehbar sein,
der exakte Zeitpunkt, zu dem Pamela durch einen Beglei-
ter zur Rückkehr aufgefordert wurde, sollte durch einen
Zufallsgenerator bestimmt werden und sich nicht auf die
Abendstunden beschränken, wenn Pamela üblicherweise
nach Hause kam. Zu Hause kannte niemand den exakten
Zeitpunkt und folglich konnte niemand durch sein Verhal-

ten bewusst oder unbewusst dem Terrier Hinweise geben. Jaytees Verhalten wurde kontinuierlich aufgezeichnet. Ein Teil der Aufnahmen wurde, wie dies so in der Wissenschaft sein sollte, „blind" ausgewertet, das heißt von einer Person, die nicht wusste, worum es ging. Das Erwartungssignal des Terriers sollte binnen 10 min, nachdem Pamela zur Rückkehr aufgefordert wurde, erkennbar sein. Freilich hatten die Beteiligten unterschiedliche Auffassungen, was als positives Signal des Hundes gewertet werden sollte. Wiseman wollte nach kritischer Durchsicht von ersten Aufnahmen gemeinsam mit Pamela nur als positives Signal des Hundes gewertet wissen, wenn dieser ohne ersichtlichen äußeren Anlass, ohne dass beispielsweise eine fremde Person vorbeikam oder ein Auto geräuschvoll vorbeifuhr, zur Tür ging und wenigstens zwei Minuten an der Tür auf die erhoffte Rückkehr von Pamela gewartet hatte.

Die Beschreibung der Versuchsdetails und die ermittelten Daten erfährt der kritische Leser in der Publikation von Wiseman et al. 1998. Danach lagen die vom Zufallsgenerator vorgegebenen Rückkehrzeiten teilweise am Vormittag, teilweise am Nachmittag, teilweise in den Abendstunden. Es kam nun auf die exakten Zeiten und auf die Art der positiven Signale an. Nimmt man die 2-Minuten-Regel, auf die sich Wiseman und Pamela (nicht aber RSh) geeinigt hatten, als Kriterium findet man zusammenfassend die in der folgenden Tab. 6.1 aufsummierten Daten.

Die Autoren kommen zu dem Schluss, dass es keinen Hinweis, geschweige denn einen Beweis gäbe, dass der Terrier Jaytee in der Lage war, den Beginn der Rückkehr seiner Betreuerin aus der Ferne zu erkennen, obwohl die Medien

Tab. 6.1   Telepathie-Versuche mit Jaytee als Empfänger. Daten zusammengestellt nach Wiseman und Smith 1998; Wiseman et al. 1999

Experiment No	Tageszeit	Rückkehrbeginn, Zeit gewürfelt	Türbesuche während gesamter Abwesenheit	Türbesuche zu Rückkehrbeginn ± 10 min	2-min-Türbesuche zu Rückkehrbeginn	2-min-Besuche pro Gesamtbesuche
1	Abends	21:00	13	3	1	1/13
2	Nachmitt.	14:18	12	2	2	2/12
3	Abends	21:39	4	1	1	1/4
4[a]	Morgens	10:45	8	1	0	0/8

Die im Sommer 1995 gemachten Aufnahmen über anscheinend positive Reaktionen des Hundes in Experiment 1 und 2 wurden oft durch andere, äußere Anlässe wie vorbeikommende Autos oder fremde Personen veranlasst, daher wurden Experiment 3 und 4 im folgenden Winter durchgeführt

[a] In diesem Fall war man zu Besuch bei der Schwester von Pam, und der Hund konnte nur zum Fenster hinausschauen statt zur Tür hinauszugehen

von starken und zuverlässigen telepathischen Effekten berichtet hatten.

Weitere Versuche

Rupert Sheldrake war mit der Behandlung und Interpretation der Daten durch Wiseman und Smith nicht einverstanden. Die Versuche wurden von RSh und Pamela, die nun zu seiner Assistentin erkoren war, fortgeführt. Nach Angaben in *Der siebte Sinn der Tiere* (Sheldrake 2011a, S. 76–80, Anhang S. 340–353) wurden insgesamt 120 Videoaufnahmen gemacht. Systematisch wurden 30 Filmaufnahmen ausgewertet, die in Pamelas Wohnung selbst gedreht worden waren und Jaytee während der gesamten Abwesenheit Pamelas in der Wohnung zeigten. Die Wohnung hatte keine Veranda; der Hund konnte jedoch zum Fenster gehen und hinausblicken. Nur sieben der insgesamt 30 Aufnahmen wurden morgens gemacht, hingegen 23 abends zur üblichen Heimkehrzeit Pamelas.

In diesen Experimenten wurde die Entscheidung zur Rückkehr nicht mehr dem Zufallsgenerator überlassen, sondern dem freien Entschluss Pamelas; schließlich werde, so die Argumentation, der Gedanke an den Heimweg nicht erst durch eine externe Aufforderung zur Rückkehr geweckt. Es wurden Reaktionen des Aufmerkens wie Ohrenspitzen, das Nahen Jaytees zum Fenster und seine Wartezeit dort registriert und gewertet. Um, wie es heißt, selektives Datensammeln zu vermeiden, wurde jedes Verweilen Jaytees am Fenster gewertet, selbst wenn es eine Katze war, die seine Aufmerksamkeit erregt hatte, oder er dort ein Schläfchen in der Sonne nehmen wollte. Gänzliches Vermeiden des Fensters wurde als Mangel von Motivation gesehen und nicht gewertet. In der Auswertung mit Balkendiagrammen und Kurvenlinien werden die Daten in eine „Rückkehr"-Zeit gebündelt und einer davor liegenden „Hauptzeit". Durch die Bündelung der Daten aus vielerlei unter verschiedenen Bedingungen erhobenen Beobachtungszeiträumen und Zurücknahme der strengen Kriterien Wisemans wurden in vielen Fällen statistisch signifikante Beziehungen der positiven Signale zur Rückkehrzeit Pamelas errechnet. Die Daten wurden (ohne Begutachtung durch unabhängige Wissenschaftler) in einer (wenig verbreiteten) Zeitschrift der Parapsychologie veröffentlicht (Sheldrake und Smart 2000).

Bewertung

Mit diesen Kriterien für positive Signale und mit dem gewählten Umgang mit den Daten waren allerdings die Skeptiker esoterischen Gedankengutes (mich inbegriffen) nicht von telepathischer Gedankenübertragung zu überzeugen. Der oben genannte Kritiker parapsychologischer Befunde Richard Wiseman meinte deshalb in einer Analyse und Bewertung der Daten: „It is therefore possible that the pattern that RS [Rupert Sheldrake] describes is not evidence of some inexplicable power of Jaytee to detect PS' [Pamelas] return but an artefact of an easily explicable pattern in Jaytee's natural waiting behaviour", zu Deutsch: „Es ist folglich möglich, dass das Muster, das RSh beschreibt, kein Beleg für irgendeine unerklärbare Fähigkeit, sondern ein Artefakt ist eines leicht erklärbaren Musters in Jaytees natürlichem Verhalten" (Wiseman et al. 2000).

Sheldrake hingegen meint in den „Anmerkungen" seines Buches:

> Doch Wiseman, Smith und Milton beschlossen, den größten Teil ihrer Daten zu ignorieren und Jaytee zu disqualifizieren, falls er sich nicht an ihrem willkürlichen Zwei-Minuten-Kriterium richtete, und somit konnten sie behaupten, dass Jaytee den Test nicht bestanden hatte. … Leider war ihnen ihr skeptischer Eifer wichtiger als die wissenschaftliche Objektivität (Sheldrake 2011a, S. 377)

Meine Sicht und Bewertung. Die Mehrzahl der Versuche und Filmaufnahmen wurden abends gemacht, wenn die innere Uhr des Hundes die Rückkehr seiner Bezugsperson erwarten ließ. „Wir machten auch eine Reihe von Video-

aufnahmen an Abenden, an denen Pam erst sehr spät heim-
kam oder über Nacht wegblieb. Diese Aufnahmen dienen
der Kontrolle oder Überprüfung und zeigen, dass Jaytee
im Laufe des Abends immer seltener zum Fenster ging"
(Sheldrake 2011a, S. 345). Das Zeitfenster, welches die innere Uhr dem Tier zum Warten vorgab, war überschritten.

Zwar sei der Hund tagsüber aktiver gewesen als abends
(S. 344) und habe sich öfters am Fenster aufgehalten; doch
wenn jeder Hinweis auf eine geweckte Aufmerksamkeit, jedes „Anbellen einer Katze" und jedes „Nickerchen in der
Sonne", jedes Schauen aus dem Fenster, wenn in der abendlichen Hauptverkehrszeit ein Auto vorbeifährt, als positives
Signal gewertet wird und das Denken seiner Halterin an ihre
Heimkehr und damit eine potenzielle Gedankenübertragung sich über die gesamte Zeit ihrer Abwesenheit erstreck-
te, ist eine zeitweilige zeitliche Übereinstimmung zwischen
einer als positiv gewerteten Reaktion des Hundes und eines
mit der Heimkehr verknüpften Gedankens oder Tuns seiner Halterin unvermeidlich. Ob Pamela nun durch eigenen
Entschluss zur Heimkehr aufbrach oder durch einen Piepser
aufgefordert „Sie [Pamela] meint, Gedanken wie „Jetzt dauert's nicht mehr lang", oder „Ich werde gleich aufbrechen"
wären manchmal einfach nicht zu vermeiden gewesen"
(S. 346). Das erwartete Ergebnis musste herauskommen.
Dies fordert zu einer kritischen Nachbetrachtung heraus.

6.5.5 Nachdenken im Nachhinein und ein Fazit

Wie denken und handeln wir, wenn wir, wie im vorigen
Abschnitt diskutiert, nach Hause wollen? Ist es ein einma-

liger, klar gedachter Entschluss, den wir als eindeutig abgegrenztes Ereignis aus unserer Gedankenwelt heraustrennen und einem bestimmten anderen Menschen oder unserem verständigen Hund über einen telepathischen Kanal mitteilen könnten? Die Situation dürfte eher so oder so ähnlich sein: Wir sitzen am fortgeschrittenen Nachmittag im Büro, haben allmählich „die Schnauze voll" von der Arbeit, dem Ärger mit unserem Chef und unseren Mitarbeitern, spüren aufkommenden Hunger, fragen uns, ob unser Partner zu Hause die erwarteten Besorgungen gemacht hat, denken auch an unseren Hund, der Gassi gehen muss und uns erwartet, denken auch daran, dass wir noch die Blumen gießen müssen, haben Sorge, dass im Baustellenbereich ein langer Stau unsere Heimfahrt behindern wird; der Zahn fängt auch schon wieder an, weh zu tun, und der Hund, ist noch genug frisches Futter im Kühlschrank? … und … und. All diese Fetzen von Gedanken und Vorstellungen irrlichtern in unserem Kopf herum. Heute sind es diese Kombinationen von Vorstellungen und Sorgen, morgen jene und unablässig sprechen wir mit uns lautlos dahin. Und dies vor allem: Da wir überwiegend in Sprache denken, hätte der Hund Englisch können müssen (z. B. „I now start going home", „Ich beginne jetzt, nach Hause zu gehen"). Nirgends wird dieses Problem angesprochen, geschweige denn ein Beweis für die Englischkenntnisse des Hundes erbracht. Da bleibt nicht viel mehr als ein Fantasiebild einer Rückkehrszene, das im Kopf der Halterin auftaucht, oder ein Fantasiebild des wartenden Hundes zur telepathischen Übertragung.

Jeder, der nur will, wird leicht einen Gedanken, ein Fantasiebild oder ein Wort in unserer lautlosen Sprache finden, das mit dem Zielobjekt einer telepathischen Ansprache zu tun hat. So ist Telepathie stets „nachzuweisen". Dies ist auch zu bedenken, wenn wir uns im Weiteren dem „siebten Sinn" des Menschen und seinen anscheinend telepathischen Fähigkeiten zuwenden.

7

Der „siebte Sinn" des Menschen: Telepathie und Hellsehen

Wer an Telepathie und andere paranormale Fähigkeiten glaubt und ein großer Teil der Menschheit scheint dies laut Umfragen zu tun, wird viele Situationen nennen können, in denen telepathische Gedankenübertragung möglich und auch vorzukommen scheint. Das kann bei Rate- und Kartenspielen beginnen und bis zum Erahnen des nahen Todes einer gut bekannten Person gehen, die uns noch eine Botschaft mitzuteilen scheint.

7.1 Empathie, unsere Fähigkeit des Mitempfindens, und professionelles Gedankenlesen der Mentalisten

Es gibt unzählbare Situationen und Ereignisse, bei denen wir den Eindruck haben, unser Gegenüber errate unsere Gedanken, Gefühle und Absichten, wie wir umgekehrt nicht selten die Gedanken, Gefühle und Absichten anderer erspüren. Übertragung von Stimmungen, Mitgefühl und Absichten zwischen Eltern und Kindern, zwischen

Lebensgefährten, zwischen Therapeuten und Patienten, in geringerem Maße auch zwischen Reitern und Pferden sind Alltag; sie werden über unsere Körpersprache, Mimik, Gesten und unsere Stimmlage vermittelt, ohne einen »Siebten Sinn« zu erfordern, auch wenn Anhänger der Telepathie dies anders sehen mögen. Eltern beispielsweise merken, dass ihr Kind etwas bedrückt, und nicht selten auch, was die Ursache seiner bedrückten Stimmung ist oder sein könnte. Wir Menschen haben die Gabe des Mitfühlens, die bis zum Rande des Mitdenkens reichen kann. Man spricht von Empathie (von altgriechisch *en* = innen, hinein; *pathein* = fühlen, leiden). Bekannte und in der Fachwelt angesehene Hirnforscher glauben auch, der neuronalen Grundlage dieses Vermögens auf der Spur zu sein. Sie haben im Gehirn, zuerst von Affen, sogenannte Spiegelneurone entdeckt, die gleichermaßen ihre elektrischen Impulse losfeuern, ob das Individuum nun selbst eine Handlung vollzieht oder nur zusieht, wie ein anderes Individuum diese Handlung durchführt (Rizzolatti und Sinigaglia 2008).

Psychotherapeuten, Psychiater, Psychologen und Pädagogen müssen besondere Feinfühligkeit in ihrer Empathie entwickeln, um ihren Patienten und anbefohlenen Kindern gerecht zu werden. Kriminalisten müssen in die Gedankenwelt eines Menschen, sei er Täter oder Opfer, eindringen können, um den Wahrheitsgehalt der Aussagen abschätzen zu können. Man weiß dies.

Verblüffend sind indes die Fähigkeiten berühmter Hypnotiseure und professioneller Gedankenleser (Mentalisten), die in Shows ihrem staunenden Publikum ihr unglaubliches Können vorführen (wie Patrick Jane in der amerikanischen Fernsehserie *The Mentalist*, in deutscher

Sprache beim ORF als *Der Mentalist* ausgestrahlt). Ebenso wie Zauberkünstler nicht explizit sagen, sie würden dank wundersamer magischer Kräfte Wunder vollbringen, jedoch ihre Zuschauer durch ihre Erfolge mit Absicht in diesen Glauben versetzen, behaupten auch Mentalisten, sofern sie nicht Betrüger sind, nicht ausdrücklich, dank übersinnlicher Gaben wirklich geheime Gedanken lesen zu können; aber die Zuschauer sollen es glauben.

Solchen augenscheinlichen Fähigkeiten des Gedankenlesens liegt eine außergewöhnliche Gabe der Beobachtung und des Kombinierens zugrunde. Der Gedankenleser beobachtet Augenbewegungen, Gestik, Mimik, sprachliche Ausdrucksweise der aufgerufenen und durch gute Menschenkenntnis ausgesuchten Person und er hat die Gabe, Illusionen zu erzeugen und durch geschicktes Fragen der verdutzten und verwirrten Person eine passende Erinnerung einzuflößen (Havener 2009; Moskowitz 2008).

Der Mentalist braucht, um seine vermeintlich übersinnlichen Fähigkeiten vorführen zu können, Sicht- und Hörkontakt zu den auserkorenen Zuschauern ebenso wie ein Hypnotiseur. Telepathie im Sinne der Definition des Begriffs muss jedoch ohne die mögliche Beteiligung der Sinne von Sendern und Empfängern funktionieren.

Wird dies von Lesern hinreichend bedacht, wenn sie im Vorfeld zu Experimenten über Telepathie dadurch eingestimmt werden, dass bekannten Psychotherapeuten vergangener Tage wie Sigmund Freud oder Carl Gustav Jung außergewöhnliche Fähigkeiten des Gedankenlesens zugeschrieben werden und mancherlei Geschichten über augenscheinliche Gedankenübertragung in körperlicher Nähe von Sendern und Empfängern erzählt werden?

Zunächst gehen wir in den folgenden zwei Abschnitten auf Fernwirkungen ein, bei denen noch nicht von der Übertragung eines spezifischen Gedankens die Rede ist, aber von Erwecken einer besonderen Aufmerksamkeit oder einer Vorahnung.

7.2 Die Kraft der Blicke oder das Gefühl, angestarrt zu werden

Wohl jeden, der allein eine halbdunkle Unterführung durchschritten hat, dürfte schon mal ein ängstliches Gefühl beschlichen haben, insbesondere wenn Säulen oder vorspringende Wände den freien Blick einschränken oder Uringeruch und mit Graffitis besprühte Wände vor dem möglichen Auftauchen verdächtiger fremder Gestalten warnen. Manche Passantin und mancher Passant werden dann und wann auch mal ängstlich hinter sich geschaut haben. Auch wenn man lesend in einem Saal sitzt und hinter seinem Rücken ein leises Geräusch, ein leichter Luftzug oder ein Schatten wahrnehmbar wird, mag mancher gelegentlich einen Blick in seinen Rückraum werfen, um zu sehen, ob da nicht etwa … wer weiß? Die Wahrnehmung solcher schwachen Reize mag dabei im Unterbewusstsein geschehen, das heißt in jenem Bereich unserer Psyche, der sich der augenblicklichen, bewussten Aufmerksamkeit entzieht.

Neurologen wissen, dass auch ein unbewusst wahrgenommener Reiz die Zentren für Furcht und andere Emotionen des Gehirns, die sogenannten Amygdalae, aktivieren kann (z. B. Balderston et al. 2014).

In vielen Kulturen fürchtete man in alten Zeiten und fürchtet heute noch, den „bösen Blick", der dem Angeschauten Schädliches zufügen soll. Da verwundert es kaum, wenn Parapsychologen sich dieser Phänomene annehmen, sie zum Thema ihrer Hypothesen machen und Experimente zu deren Verifizierung vorschlagen oder durchführen. „Das Gefühl angestarrt zu werden" ist unserem Esoteriker Beweis für telepathische Einwirkungen (Sheldrake 2011a, b).

RSh schlägt seinen Zuhörern und Lesern Experimente mit Paaren von Teilnehmern vor: Einer Versuchsperson, der Empfängerin, wird eine Augenbinde umgelegt und sie wird auf einen Stuhl gesetzt mit dem Rücken zur Senderin, die mal ihre Blicke auf die Empfängerin richtet, mal in eine andere Richtung oder ihre Augen geschlossen hält. In einer Reihe von Versuchen ist die Abfolge „Anschauen" und „Nichtanschauen" durch Werfen einer Münze festgelegt. Nach jedem Versuch muss die Person mit den verbundenen Augen mitteilen, ob sie sich angestarrt fühlte oder nicht. Solche Versuche wurden nach Anregung durch RSh auch in Schulen und von zahlreichen Privatpersonen durchgeführt, allerdings ohne Kontrolle durch psychologisch und wissenschaftlich geschultes Personal. Es hätten über 18 700 Personen an solchen Tests teilgenommen (Sheldrake 2011b, S. 232), weitere Tests seien unter erschwerten Bedingungen wie Anstarren über einen Spiegel durchgeführt worden (Sheldrake 2011b, S. 235).

Nicht überraschend berichtet RSh von solchen Versuchsreihen, in denen statistisch signifikante Unterschiede zwischen den beiden Situationen, angestarrt oder nicht angeschaut, verzeichnet wurden. Nach seinen Angaben konnte die Person, die angestarrt wurde, dies mit 58-prozentiger Wahrscheinlichkeit korrekt angeben. Rein statistisch wären 50 % zu erwarten gewesen. Wären sie es?

Die Versuchsbedingungen schlossen nicht aus, dass die Anzahl richtiger Aussagen aus schlichten Gründen oberhalb des statistischen Erwartungshorizontes liegen konnte; denn die Empfängerperson sollte bei jedem Einzelversuch sofort angeben, ob sie eben angestarrt worden war oder nicht, und es wurde ihr gesagt, ob sie mit ihrer Vermutung richtig lag oder nicht. Lag ihre Erfolgsquote unter dem von der Empfängerin selbst erwarteten Wert, konnte sie korrigieren. Glaubte sie, wie nicht wenige Menschen, an den Anstarreffekt, könnte sie, wenn sie bisher nicht über 50 % lag, sehr wohl öfters als zuvor „angestarrt" melden, ob nun bewusst oder unbewusst; schließlich will man ja seine besonderen Fähigkeiten unter Beweis stellen, keiner will ein Versager sein. Wir erfahren von einem vergleichbaren Effekt bei einem Test der telepathischen Fähigkeit zur Erkennung von Zeichen auf Spielkarten (Abschn. 6.3.2). Die von RSh in eigenen Versuchen erzielten und die ihm mitgeteilten Ergebnisse sind für ihn Beweis für die Existenz eines „morphischen Wahrnehmungsfeldes", mit dem der Wahrnehmende mit dem Sender verbunden sei (RSh 2011a, b).

Wieder hat nun der einstige Zauberkünstler, Gedankenleser und gelernte Psychologe Richard Wiseman solche Experimente wiederholt. Er tat dies nicht allein, eine zweite Person namens Marylin Schlitz, eine gläubige Anhängerin des Psiphänomens, machte parallel die gleichen Experimente mit einer zweiten Gruppe von Personen in den gleichen Räumen und mit Verwendung der gleichen Gerätschaften. Diese umfassten einen Detektor des elektrischen Hautwiderstandes, gemeinhin als „Lügendetektor" bekannt, mit dem die Reaktion der empfangenden Person auch physikalisch registriert werden sollte. Die Versuchspersonen Wisemans ließen in ihren Antworten keine signifikanten Unterschiede erkennen, ob sie nun angeschaut worden waren oder nicht, wohl aber die Versuchspersonen von Frau Schlitz. Deren Teilnehmer glaubten nach eigenem Bekunden in ihrer Mehrheit an parapsychologische Phänomene, ebenso wie die Versuchsleiterin selbst. Man nennt solche in der parapsychologischen Forschung nicht selten auftretenden Diskrepanzen *experimenter effects*. Eine plausible Erklärung für diese Diskrepanz wurde nicht gefunden, man plädierte für weitere Wiederholungen (Wiseman und Schlitz 1997). Die Ursache für die im ersten Versuch gemessene Diskrepanz wurde auch in weiteren Wiederholungen der Experimente nicht aufgeklärt; denn es gelang auch Frau Schlitz nicht mehr, die früheren Ergebnisse über anscheinend erspürtes Anstarren nochmals zu erhalten; der parapsychische Effekt trat auch bei Frau Schlitz nicht mehr zutage (Schlitz et al. 2006).

Unabhängig von diesen Autoren in Freiburg i. Br. durchgeführte Experimente ließen eine schwach größere Zahl richtiger als falscher Antworten erkennen; doch halten die Autoren dies noch nicht für einen Beweis für paranormale Übertragung des Blickes. „It is concluded that there are hints of an effect, but also a shortage of independent replications and theoretical concepts". „Es gibt Hinweise auf einen Effekt, aber auch Mängel bei unabhängigen Wiederholungen und theoretischen Konzepten" (Schmidt et al. 2004).

Weitere, unabhängige Experimente zum angeblichen Anstarreffekt als Nachweis für außersinnliche Wahrnehmung sind mir bei Recherchen in psychologischen Fachzeitschriften und Mitteilungsorganen parapsychologischer Gesellschaften nicht begegnet.

Davon unbeirrt ist die Schlussbilanz des Esoterikers: „Wenn ich einen Menschen oder ein Tier anschaue, tritt mein Wahrnehmungsfeld mit dem Feld dieser Person oder dieses Tieres in Wechselwirkung, was ihnen die Möglichkeit gibt, meinen Blick zu bemerken." Und: „Wenn ich etwas anschaue, wird es von meinem Wahrnehmungsfeld »eingehüllt«. Mein Geist berührt das, was ich sehe. So könnte es denn auch sein, dass ich einen Einfluss auf einen anderen Menschen ausübe, wenn ich ihn nur anschaue. Wenn ich jemanden, der mich weder sehen noch hören kann und nicht weiß, dass ich da bin, von hinten anschaue, spürt dieser Mensch meinen Blick dann?" (Sheldrake 2012, S. 290–296). Es wird weiter gesagt, dass bei Umfragen 70–97 % der Erwachsenen und Kinder solche Erfahrungen gemacht hätten. Auf negativ verlaufene Experimente anderer wird nicht eingegangen; stattdessen werden Anekdoten erzählt, die seine Auffassung zu unterstützen scheinen. „Überraschenderweise tritt das Gefühl, angeschaut zu werden, auch dann ein, wenn die Person nicht direkt, sondern am Bildschirm angeschaut wird." „Die Fernwirkung der Aufmerksamkeit deutet darauf hin, dass sich Geist nicht nur *im* Gehirn befindet." (Sheldrake 2012, S. 296)

7.3 Telepathie beim Menschen: Übersinnliche Gedankenübertragung über Entfernungen?

7.3.1 Telefontelepathie: „Ich habe gerade an Dich gedacht"

Sie denken an jemanden und kurz darauf klingelt das Telefon und genau diese Person ruft an? Wer mag nicht schon ein solches Erlebnis gehabt haben! Kommt es nicht vor, dass wir einen Anruf erwarten?

Der Leser mag sich fragen, warum diese Frage gestellt wird. Jeder, der ein Telefon hat, ob mit Festnetzanschluss, als „Handy" oder Smartphone, wird hin und wieder einen Anruf erwarten, sei es, dass ein Anruf vereinbart wurde, sei es, dass man einen Anruf der Tochter über die glückliche Bewältigung der Führerscheinprüfung erwartet, oder sei es, dass man mit jemanden oft und regelmäßig spricht (oder sich über SMS austauscht). Es wird schier unendlich viele solcher Erlebnisse geben.

Für den Esoteriker sind solche Erlebnisse Ausdruck einer Telefontelepathie; es seien dies die häufigsten telepathischen Erlebnisse in der heutigen Welt (Sheldrake 2011b, S. 138). Er sammelte unzählige Berichte dieser Art indem er Leute befragte, bei Vorträgen an die insgesamt 6000 Zuhörer aufrief, zur Bestätigung solcher Erlebnisse die Hand zu heben, und indem er Fragebögen verteilte: „Haben Sie jemals an jemanden gedacht, als das Telefon läutete oder kurz davor und dann war tatsächlich die Person am Apparat, an die

Sie gerade gedacht hatten." Insgesamt erhielt er von 1691
Befragten 1562 positive Antworten, also 92 % (Sheldrake
2011b, S. 138). Sehr wichtig: Es wurde nicht danach gefragt, ob und wie oft die Erwartung nicht erfüllt war. Mit
gleicher Einseitigkeit wird in vielerlei Geschichten auch von
Haustieren wie Katzen, Hunden und Papageien berichtet,
die im Voraus „wissen", wer anrufen will; nicht aber wurde
gezählt, wie oft sie das nicht wussten.

Ein mögliches Nichtwissen, wer anrufen wird, wurde
in einem einzigen Experiment mit Versuchspersonen fest-
gehalten. In diesem Experiment, durchgeführt 2002, sollten
die Versuchspersonen vorhersagen, von wem sie angerufen
wurden. Die Empfänger der Anrufe mussten vor Beginn des
Versuchs jeweils vier Kontaktpersonen nennen, die dann
vom Versuchsleiter in einer zufälligen Abfolge angewiesen
wurden, die Testperson anzurufen. Die Empfängerperson
sollte, noch bevor sie den Anruf annahm, mutmaßen,
welcher der vier Kontaktpersonen tatsächlich am anderen
Ende der Leitung war. Bei vier Kontaktpersonen müsste die
Empfängerperson bei bloßem Raten zufällig eine Trefferquote von 25 % erzielen. Manche telepathisch offenbar
nicht empfängliche Testpersonen hätten tatsächlich diese
Trefferquote von nur 25 % erzielt, andere jedoch eine
Quote deutlich höher als dem Zufall entsprochen hätte.
Die Gesamtquote richtiger Vorhersagen sei bei 44 % gewesen (Sheldrake 2011b, S. 144); diese Erfolgsquote sei der
vorhergegangenen Gedankenübertragung durch den An-
rufer gedankt.

Prof. Christopher Charles French von der Universität
London ist ein Psychologe, der sich mit paranormalen
Überzeugungen befasst, Telepathie nicht von vornherein

ausschließt, der Rupert Sheldrake persönlich kennt und ihn nach eigenem Bekunden durchaus schätzt. Er berichtet in einem Interview:

„And I think although I personally have never had any success in replicating the effects that Rupert has designed, not only that, my project students who are not as skeptical as I am, and in fact are usually big fans of Rupert's, they've also failed to replicate the effects that Rupert got." Auf Deutsch: „Und ich denke, obwohl ich persönlich nie mit Erfolg die Effekte [in den Experimenten], die Rupert entworfen hatte, wiederholen konnte, nicht nur dies, meine Studenten, die nicht so skeptisch sind wie ich und gewöhnlich große Fans von Rupert sind, konnten die Effekte, die Rupert erhielt, auch nicht wiederholen" (Chris French im Interview mit Alex Tsakiris von skeptiko, einem Internetmagazin (http://www.skeptiko.com), Podcast Nr. 83, geladen am 28. Sept. 2009).

Die angebliche Gedankenübertragung durch das Telefon haben also weder der tolerante, doch skeptische Psychologieprofessor noch seine weniger skeptischen Studenten reproduzieren und so bestätigen können; Gedankenübertragung durch das Telefon bleibt das Erfolgsgeheimnis des Esoterikers. Seine Erfolgsquote schwankte allerdings sehr, je nach den Personen, die er für den Versuch ausgewählt und gewonnen hatte. Verräterisch: Die häufigste Aussage: „Ich habe gerade an Dich gedacht", und damit eine hohe Erfolgsquote bis zu 71 % gewann er bei guten Freundinnen, die sich oft anriefen, eine dürftige von nur 18 % bei Forschern, die sich fremd waren, was sogar unter der puren Zufallsquote von 25 % lag. (Die reine Zufallsstreubreite der Daten

in statistischen Erhebungen bei jeweils nur vier Kontaktpersonen erlaubt solche Abweichungen ohne Weiteres.)

Fazit

Wenn es denn Telepathie durch das Telefon geben sollte,
warum telefoniert man denn überhaupt, statt der Fähigkeit des Partners und der eigenen Fähigkeit zu vertrauen,
Gedanken ohne Vermittlung der Sinne über die Ferne senden und empfangen zu können? Offenbar haben auch die
vielen Personen, die an Telepathie glauben, aus Erfahrung
kein sehr großes Vertrauen in ihre Gaben; sie haben aber
Vertrauen auf das technische Gerät, das Gedanken durch
hörbare oder sichtbare (SMS) Worte vermittelt.

Zu den gesammelten Daten: Es ist schwer begreiflich,
dass eine einstmals wissenschaftlich ausgebildete Person
in ihren Umfragen nur die anscheinend zutreffenden Ergebnisse sammelt, wertet und berichtet, nicht jedoch die
negativen, unzutreffenden, wie sie jedes Statistikprogramm
erfordert. (Machen Sie doch mal eine Berechnung wie in
Kap. 9, Abschn. 9.3, Tab. 9.1 und setzen in negativen Ergebnissen null ein!) Nur in einem einzigen, dürftigen, von
anderen nicht bestätigten Versuch wurden auch negative
Ergebnisse notiert und statistische Verfahren gemäß wis-
senschaftlichem Brauch angewendet, nicht aber in den
umfangreichen Erhebungen in der Bevölkerung. Den ver-
einzelt zutreffenden positiven Fällen stehen viele Fälle entgegen, in denen wir beim Klingeln des Telefons den An-
rufer nicht erraten, und Milliarden von Fällen, in denen
unser Gedanke an nicht anwesende Personen keinen Anruf
von ihnen auslöst.

7.3.2 Telepathie aus der Distanz und über Schranken wie Wände hinweg?

Bereits im Buch *Der siebte Sinn der Tiere* wird von verblüffenden Vorkommnissen berichtet. Ein Beispiel:

> Ich war 14 Jahre lang bei der UNO beschäftigt, und in dieser Zeit war ich viel unterwegs. Aber nur einmal kehrte ich früher nach Genf zurück, weil ich krank war. … Ich teilte meiner Frau nicht mit, dass ich heim käme, da ich nicht wollte, dass sie sich unnötig aufregte … Doch als ich in Genf eintraf, erwartete sie mich bereits am Flughafen. Sie sagte, sie habe das überwältigende Gefühl gehabt, sie müsse genau auf diesen Flug warten, also hatte sie gepackt und war mit unseren Söhnen [aus dem Urlaub] zurückgekommen (O.S. Knowles). (Sheldrake 2011a, S. 113)

Ein ermittelnder Kriminalbeamter würde fragen, ob nicht doch, etwa über die Kinder, Kunde über die beabsichtigte Rückkehr zu seiner Frau gelangte oder ob die Ehefrau nicht schlichtweg aufgrund vergangener Erfahrung eine Erkrankung ihres Ehemanns befürchtete und vorausahnen konnte. Ein Wissenschaftler wünscht Wiederholungen unter kontrollierten Bedingungen. Viele ähnliche Berichte werden in der Bevölkerung erzählt. Es gibt nach meinem Wissen über solche Erfahrungen des Alltags keine kontrollierten Versuche, wohl aber zum verwandten Phänomen des Hellsehens.

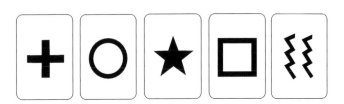

Abb. 7.1 Zener–Karten, wie sie zur Prüfung der Fähigkeit zur Telepathie verwendet wurden und noch im Internet zur Prüfung der eigenen Fähigkeit verwendet werden

7.3.3 Telepathie und Vorhersagen im Test mit Zener-Karten

Nun kommt mal nicht Rupert Sheldrake zur Sprache. Es geht hier um einen Test mit Karten, den sich in den 1930er-Jahren Joseph B. Rhine und Karl Zener an der Duke-Universität, einer privaten Universität im Staat North Carolina, USA, ausgedacht haben. Es liegt ein Stapel von 25 sogenannten Zener-Karten vor. Diese enthalten fünf deutlich unterscheidbare Symbole: Stern, Kreis, Kreuz, Quadrat und Wellenlinien (Abb. 7.1, im Original sind die Zeichen auch noch durch ihre Farbe unterschieden). Der Stapel von 25 Karten liegt verdeckt auf einem Tisch. Eine Sendeperson deckt eine Karte auf, welche, sagt ihr der blinde Zufall über einen Zufallsgenerator. Sie betrachtet das Symbol und will das gesehene Bild telepathisch einer Empfängerperson übermitteln, die entfernt, möglichst in einem anderen Raum sitzt und sogleich mitteilt, welches Symbol nach ihrem Gefühl ihr zugesandt worden ist. Bei fünf von 25 bzw. 500 von 2500 Karten ist die Wahrscheinlichkeit, dass die Empfängerperson rein zufällig das richtige Symbol nennt, 20 %. In weltweit durchgeführten insgesamt 100 000 Versuchen lag die Trefferquote jedoch bei 21 %. Trotz des geringen Unterschiedes errechnet sich bei der großen Zahl ein signifikanter Unterschied (was das heißt, siehe Kap. 9, Abschn. 9.3). Der Test funktioniere auch als Präkognitionstest: Erst rät die Empfangsperson, dann erst wird die Karte aufgedeckt. Man sieht als Empfänger der Botschaft etwas, was die Sendeperson selbst noch gar nicht sieht. Skeptisch geworden?

Man kann den Versuch leicht nachmachen. In Onlineversionen des Tests, wie er von verschiedenen Anbietern angeboten wird, sind es wie im Originaltest $5 \times 5 = 25$ Karten oder in vereinfachten Tests nur $5 \times 2 = 10$ verdeckte Karten, von denen nach Gutdünken eine herausgesucht werden soll. Sie raten, welches Symbol die Karte wohl habe, und bekommen alsdann mitgeteilt, ob sie einen Treffer erzielt haben oder nicht. Ob 25 oder nur 10 Karten, die reine Zufallstrefferquote ist 20 %. Sollten Sie (wie ich) keine telepathische Gabe haben und in 100 und mehr Versuchen nicht über 20 % hinauskommen, rät ihnen das Programm: „improve your power", „verbessere deine Fähigkeit". Man überlegt, wie man sich verbessern könnte. Kommen Sie nicht selbst darauf, verrät es Ihnen www.skeptic.com.

Die gewünschte Ausführung des Tests ist wie folgt:

1) Es müssen stets 25 Karten bleiben und diese müssen von Versuch zu Versuch stets neu gemischt werden.

2) Der Versuch muss mindestens 100-mal wiederholt werden.

   Bei nur einem Versuch mit 25 Karten wäre auch eine Trefferquote von 9 von $25 = 36$ % noch im Rahmen dessen, was statistisch sehr wohl zufällig möglich ist.

3) Die Versuchsperson darf während des ganzen Versuches nicht erfahren, ob sie richtig oder falsch geraten hat.

Und da liegt der Hase im Pfeffer! Im Originaltest wie im Onlinetest erfährt die Empfängerperson sofort, ob sie richtig geraten hat oder nicht, und bei falschem Raten wird ihr sogleich gesagt, welches die richtige Antwort gewesen wäre. Man überlegt sich oder sollte überlegen: Die Wahrscheinlichkeit, dass die nächste Karte das gleiche Symbol trägt, ist 5 zu 25 = 20 %. Dass die nächste Karte hingegen ein anderes Symbol zeigen wird, ist laut Auskunft von Wahrscheinlichkeitsmathematikern 6 zu 25 = 24 % (*Zener ESP cards*, in: *The Skeptic's Dictionary by* Robert Todd Carroll, est. 1994). Na dann mal los, 21 % werden Sie doch wohl schaffen!

Der Test wird auch unter Parapsychologen nicht mehr anerkannt. Sollte der Leser einen besseren, überzeugenden Test kennen, wende er sich an die James Randi *Educational Foundation* (siehe Kap. 8, Abschn. 8.3).

7.3.4 Telepathie im Ganzfeldexperiment

In der Erforschung (vermeintlich) außersinnlicher Fähigkeiten, speziell der Telepathie, sind derzeit noch sogenannte Ganzfeldexperimente im Gang. In der halbstündigen Phase der Vorbereitung soll der Versuchsperson A die Möglichkeit genommen werden, mit ihren „fünf Sinnen" Bestimmtes wahrzunehmen. Sie sieht durch zwei halbierte, über die Augen gestülpte Tennisbälle nur ein vollständig homogenes, gleichmäßiges und das ganze Sehfeld füllendes leeres Feld im Rot- oder Weißlicht und hört über einen Kopfhörer nur undefinierbares Rauschen. Zweck dieser Vorbereitung ist: Die Versuchsperson A sollte die monotone Umwelt nicht mehr wahrnehmen und voll empfänglich sein für telepathisch übermittelte Gedanken. Gegen Ende dieser Phase sendet eine Person B Gedanken an die empfangsbereite Versuchsperson A.

In einer Variante des Ganzfeldexperiments wussten Sender B und Empfänger A nicht, dass sie an einem Versuch zur Telepathie teilnahmen. Die Sendeperson B sah sich mehrfach einen Videoclip an. Es war ihr gesagt worden, sie solle sich den Inhalt gut einprägen. Die in einem anderen Raum sitzende Empfängerperson A sollte sich ihrerseits auf ihr inneres Erleben während dieser Zeit konzentrieren. Anschließend wurden der Empfängerperson A vier Videoclips vorgespielt, darunter auch die vom Sender B gezeigte Szene. Die Person A sollte sagen, welcher Clip am ehesten ihrem inneren Erleben ähnlich sei. Als „korrekte Identifikation" wurde also der nachträgliche subjektive Eindruck der Empfangsperson gewertet. Ein von vier Videos war das telepathisch übermittelte, die Trefferquote bei zufälliger Benennung lag also, sofern alle vier Videos für die Empfängerperson gleichwertig waren, bei 25 %. Im besagten Test lag die Trefferquote jedoch bei 32,5 %. Der Unterschied war „statistisch signifikant", das heißt mit großer Wahrscheinlichkeit nicht dem bloßen Zufall geschuldet (Siehe Kap. 9, Abschn. 9.3).

Die in einer Zeitschrift für Parapsychologie publizierte Studie (Pütz et al. 2008) fand bis heute (Mitte September 2015) keine Bestätigung. Es fehlt nach Meinung des Skeptikers ein Kontrollversuch mit bloßem Raten ohne Gedankenübertragung, der belegt hätte, dass alle Videoclips gleichwertig waren; nur dann kann von einer Erwartung von 25 % ausgegangen werden. Waren denn in allen vier Videoclips Szenen vertreten, die mit gleicher Wahrscheinlichkeit Ähnlichkeit mit der momentanen Fantasiewelt der

Empfängerperson hatten? Wohl eher nicht. Manche Szene mag eher einem selbst erlebten Geschehnis gleichen als andere Szenen. Schließlich kommt selbst der Versuchsleiter Wackermann zu dem Schluss, das Ergebnis sei noch kein Beweis für die Existenz von Psi, das heißt der Fähigkeit zu übersinnlicher Gedankenübertragung.

Es fehlt vor allem an Wiederholbarkeit und an Bestätigung der Ergebnisse durch unabhängig arbeitende Forscher. „Parapsychology will achieve scientific acceptability only when it provides a positive theory with evidence based on independently replicable evidence. This is something it has yet to achieve after more than a century of trying." „Parapsychologie wird wissenschaftliche Akzeptanz nur erreichen, wenn sie eine positive Theorie vorlegt basierend auf unabhängig wiederholbaren Nachweisen. Das ist etwas, was immer noch nicht erreicht ist, nach mehr als einem Jahrhundert von Versuchen" (Hyman 2010). Bis heute sind noch keine Berichte über unbestreitbar erfolgreiche Ganzfeldexperimente zur Telepathie publiziert worden (Datenbanken der Psychologie PSYNDEX, PsycINFO und PubPsych, die von angemeldeten Berechtigten mittels eines Passwortes abrufbar sind, bis Mitte September 2015).

7.4 Hellsehen und Fernerfahrung von Unglücks- und Todesfällen

Hellsehen meint innere Fernwahrnehmung, das Sehen im Geiste von Ereignissen, die im Augenblick außerhalb des Blickfeldes geschehen. Im Alltag sind es überwiegend Ereignisse, die Angst und Schrecken erzeugen wie ein Verkehrsunfall, den manch besorgte Mutter, mancher Vater oder mancher Lebensgefährte zeitgleich wahrzunehmen glauben, auch wenn man nicht am Ort des Unfalls ist. Es gibt viele Berichte aus der Kriegszeit, nach denen Angehörige urplötzlich Zeichen zu erkennen glaubten, dass der Sohn oder Bruder soeben gefallen sei. Fragen, wie genau die zeitliche Übereinstimmung von erlebten Zeichen und dem Todesfall war, können in solchen Fällen nicht gestellt oder beantwortet werden, und Fragen, wie oft ein solches Zeichen – glücklicherweise – trügerisch war, wird kein Interviewer stellen wollen.

Manche dieser Berichte dürften sehr wohl zutreffen; die Wahrscheinlichkeit des befürchteten Ereignisses ist in vielen Situationen oft recht hoch, so in Kriegszeiten an der Front. Niemand erzählt jedoch von sich aus, wie oft seine Erlebnisse der Befürchtung und des Schreckens nicht mit tatsächlichen Ereignissen zusammenfielen, niemand berichtet, wie oft die Angst unbegründet war. Es versteht sich von selbst, dass zu diesen Erlebnissen keine Versuche angestellt werden können. Der Wissenschaftler kann folglich solche Aussagen nicht bewerten.

Zu ihrer Zeit (1894) viel beachtet wurde eine von der *Society for Psychical Research* (Gesellschaft für parapsychologische Forschung) organisierte Umfrage in Großbritannien über die Häufigkeit von Halluzinationen im Wachzustand. Befragt wurden 17 000 Personen, von diesen gaben 1683 Personen (= 9,9 %) an, schon mal ein solches Erlebnis gehabt zu haben, und 85 der 17 000 Befragten (= 0,5 %) sagten, ihr halluzinatorisches Erlebnis sei im Zusammenhang mit einem Todesfall aufgetaucht, der zur selben Zeit oder

binnen eines Zeitraums von zwölf Stunden vor oder nach
dem halluzinatorischen Erlebnis eingetreten sei. Anhänger
der Parapsychologie sahen und sehen in diesen 0,5 % eine
Bestätigung ihres Glaubens an Fernwahrnehmung; denn
0,5 % sei mehr als unter Berücksichtigung der Sterberate
statistisch zufällig erwartet werden durfte (Sheldrake 2011b,
S. 104). Die Umfrage hatte jedoch nicht gefordert, dass ein
bestimmter, unerwarteter Todesfall in zeitlicher Nähe zum
sonderbaren, nicht näher bestimmten Erlebnis stehen sollte. Die gestellte Frage hatte gelautet: „Haben Sie jemals,
während Sie glaubten, völlig wach zu sein, den lebhaften
Eindruck gehabt, ein Lebewesen oder einen toten Gegenstand zu sehen oder zu berühren oder eine Stimme zu hören? Welcher Eindruck war, sofern Sie das wussten, nicht
auf irgendeine physische Ursache zurückzuführen?" Nach
Todesfällen war gar nicht gefragt worden und so konnte es
auch kein „Nein" geben. Es war nur so, dass einige dieser
Halluzinationen von den Befragten selbst in Zusammenhang mit Todesfällen gebracht worden waren. Solche zeitlichen Zusammenhänge bleiben bevorzugt im Gedächtnis
haften.

7.5 Blicke in die Zukunft?
Vorahnungen, Traumerlebnisse,
apokalyptische Zukunftsvisionen

Die Evolution hat allen Menschen wie auch Tieren jeder Art
die Gabe verliehen, unmittelbar bevorstehende Ereignisse
vorherzusehen. Kein Torwart könnte einen Ball fangen,

könnte er nicht dessen Flugkurve im Voraus abschätzen. Das Wolfsrudel muss vorhersehen, wohin und wie schnell das Rentier fliehen wird, wenn die Wölfe es einkreisen wollen. Noch wichtiger ist es für das potenzielle Opfer, das Verhalten der Raubtiere vorauszuahnen. Individuelle Erfahrungen verstärken solche Gaben und weiten sie aus. Ohne sie wäre Überleben nicht möglich. Unsere Handlungen basieren in aller Regel auf Vermutungen und Erwartungen, was geschehen wird, wenn wir etwas tun werden. Fehler in unseren Vorhersagen ermöglichen uns, zu lernen und unsere Vermutungen zu verbessern. Verhaltensforscher, die im Dressurversuch Lernen studieren wollen, müssen anfänglich eine Belohnung kurz nach jeder richtig durchgeführten Aufgabe bereithalten. Für den weiteren Lernerfolg ist jedoch die erhoffte Belohnung wirkungsvoller als eine im Nachhinein gegebene. Wir lernen am besten durch Vorhersagen. Trifft meine in der Regel unbewusste Vorhersage zu, werde ich das nächste Mal wieder so handeln.

Die Frage ist, wie zuverlässig unsere Vorhersicht und unsere Vorahnungen sind, und wie weit sie in die Zukunft reichen. Wettervorhersagen machen uns Tag für Tag, mehr noch Woche für Woche deutlich, wie schwer es sein kann, selbst durch die Analyse von Satellitenvideoaufnahmen wandernder Wolkenfelder die voraussichtliche weitere Bahn der Wolken vorher zu berechnen und zu zuverlässigen Vorhersagen über drei Tage hinaus zu kommen. Auch wenn Zufälle eingeschränkt sind wie bei Meinungen und Entscheidungen von uns Menschen, sind Vorhersagen schwer und nicht zuverlässig zu machen, siehe Umfragen vor Wahlen. Kurz vor der Wahl sind sie hierzulande leidlich zuverlässig, aber ein Jahr zuvor? Wissen Sie, was morgen auf Sie zukommt? Da suchen wir gerne nach Zeichen, die uns Hinweise geben könnten. Über Jahrhunderte hinweg wurde der Sternenhimmel befragt, Horoskope werden heute noch gelesen, auch wenn das Vertrauen in diese Art von Vorhersagen schwinden mag. Unsere instinktive Suche nach Zeichen künftiger Ereignisse kommt den Verfassern von Horoskopen und Unheil verkündenden Prophetien zugute.

7.5.1 Träume zukünftiger Ereignisse und von der Zukunft rückwärts in die Gegenwart gerichtete Ursachen

Zukünftiges Unheil verkündende Träume werden nach landläufiger Meinung und den Deutungen von Parapsychologen einem »Siebten Sinn« zugeschrieben. Es gab und gibt Institutionen, auch an Universitäten, die sich mit Träumen und ihrer möglichen Bedeutung befassen. So gab es an der Universität Freiburg im Breisgau einen Lehrstuhl für Psychologie und Grenzgebiete der Psychologie, den der Tiefenpsychologe Prof. Hans Bender (1907–1991) innehatte (nicht gemäß den Gesetzen des Landes; denn er hatte keine Promotion absolviert, wie sich später herausstellen sollte). Unter Grenzgebieten wurden von ihm Traumdeutung, Parapsychologie, Spukforschung und Astrologie verstanden. Ich selbst habe eine Vorlesung bei ihm gehört. Er beeindruckte manchen Zuhörer durch seine (in meiner Sicht fantasievoll ausgeschmückten) Berichte über Traumerlebnisse, die Zukünftiges vorherzusagen schienen, konnte aber wohl nicht jeden Zuhörer überzeugen (jedenfalls nicht mich).

Während derzeit in Freiburg der Parapsychologie kein gesonderter Lehrstuhl mehr zugewiesen ist, gibt es universitäre Einrichtungen noch anderswo, so die *Koestler Parapsychology Unit* an der Universität von Edinburgh. Hier hatte ich Kontakt mit der Dozentin Miss Dr. Caroline Watt, einer liebenswürdigen Person, die vorhersehende (präkognitive) Traumerlebnisse sammelt, persönlich parapsychologische Phänomene wohl für möglich hält, aber Berichte kritisch bewertet.

Anlass meiner Anfrage waren persönliche Erfahrungen in Rückerinnerung an Hans Benders Vorlesungen. Über einige Jahre hinweg hatte ich oft schreckliche Angstträume. Meine Frau wurde oft durch meine Schreie aufgeweckt. Stets träumte ich, meinen Kindern sei Schreckliches passiert. Es ist, dem Himmel sei's gedankt, zu jener Zeit (und bis heute) nichts Unheilvolles passiert, das ich in Beziehung zu diesen Träumen hätte bringen können. Wie oft treffen Träume zu, wie oft nicht?

Caroline Watt meinte, Menschen, die ihr von ihren Träumen berichten, würden weit überwiegend von schlimmen Träumen erzählen, denen bald ein Unglück in der Realität folgte. Ein Auszug aus ihren E-Mail-Antworten: „Therefore just by chance there will be more coincidences between a negative dream (that has been remembered) and a negative event." „So allein durch Zufall gibt es mehr Übereinstimmungen zwischen einem negativen Traum (an den man sich erinnert) und einem negativen Ereignis."

Und: „people have a cognitive bias whereby they tend not to notice non-events (e.g. non-coincidence between dream and event)". „Leute haben eine Vorzugswahrnehmung und tendieren dazu, eine nicht zutreffende Übereinstimmung (z. B. zwischen Traum und Ereignis) nicht zur Kenntnis zu nehmen."

Wer bemerkenswerte Träume selbst erlebt hat und darüber berichten möchte, melde sich per E-Mail an Caroline.Watt@ed.ac.uk. Frau Watt wird sich freuen.

Bisher hat Frau Watt offenbar noch keine annehmbaren Hinweise für voraussehende Träume gefunden, geschweige denn einen experimentellen Beweis. Ihre letzte experimentelle Arbeit, zusammen mit dem im Kap. 6, Abschn. 6.2.4 vorgestellten Richard Wiseman publiziert, brachte keinen Hinweis oder Beleg (englisch *evidence*) für paranormale Erlebnisse dieser Art (Watt et al. 2015).

Cold Reading

Die heutige Psychologie kennt eine Verallgemeinerung des geschilderten Effekts unter dem Stichwort *cold reading* (wörtlich: kaltes Lesen oder kalte Deutung). Auf diesem Effekt, auch als Barnum-Effekt bezeichnet, gründet eine spezielle Taktik der sprachlichen Manipulation, die von Mentalisten, Horoskopproduzenten und anderen Propheten und von geschulten Interviewern angewandt wird. Man versetzt den Zuhörer in den Glauben, man wisse Bescheid, redet in vagen Allgemeinplätzen, die jedermann als wahr empfinden kann, und man bedient sich der Eigenschaft des Menschen, zutreffende Voraussagen stärker wahrzunehmen und als Bestätigung der Voraussage zu betrachten als unzutreffende Voraussagen (Hyman 2007; Wiseman und Morris 1995). Und es wird an geheime Wünsche appelliert.

Fazit

Außergewöhnliche, mehr oder weniger gute Übereinstimmungen von Traum und Wirklichkeit, von Ängsten und Unfällen in der Ferne, von außergewöhnlichen Wünschen und deren Erfüllung werden erzählt, gesammelt, veröffentlicht. Erweisen sich vermeintliche Fernwahrnehmungen und Vorausahnungen *nicht* als zutreffend, werden sie nicht erzählt und rasch vergessen. Eine ernsthafte Statistik (Wahrscheinlichkeitsberechnung) ist nicht möglich, wenn die negativen Fälle nicht ebenso getreu gesammelt und gewertet werden. Noch gibt es deshalb keine Beweise für Präkognition, für Wissen und Traumerleben im Voraus. Präkognition würde auch bedeuten, dass Wissen und Erfahrung zeitlich vor dem Ereignis bestünden; dies widerspräche der Kausalität, wie wir sie im Alltag und in den Naturwissenschaften kennen. Noch kennt der Physiker kein Phänomen, das von der Zukunft in die Gegenwart wirkt.

Eben dies kennt jedoch die Esoterik. „Präkognitionen sind wie Erinnerungen an die Zukunft …, wobei Einflüsse von virtuellen künftigen Zuständen durch die Gegenwart in Richtung Vergangenheit fließen" (Sheldrake 2012, S. 330–331). Und: „Geistige Kausalität fließt von einer virtuellen Zukunft mit all ihren Möglichkeiten »rückwärts« und trifft in der Gegenwart auf die aus der Vergangenheit stammende Energie, und daraus gehen beobachtbare physikalische Ereignisse hervor" (Sheldrake 2012, S. 189).

7.5.2 Apokalyptische Zukunftsvisionen

Je ferner in der Zukunft erwartete oder befürchtete Ereignisse sind, desto mehr muss Fantasie Erfahrung ersetzen. Apokalyptische Visionen verkünden Zeitenwenden und unheilvolle Ereignisse, Kriege, Katastrophen, den Weltuntergang. Da solche Ereignisse gewiss irgendwann kommen werden, wenn auch ihr Eintreten und ihr Verlauf nicht vorhersehbar sind, finden fantasievolle Prophezeiungen und Offenbarungen wie die Offenbarung des Heiligen Johannes oder die okkulten, beliebig deutbaren Schriften eines als Nostradamus bekannt gewordenen französischen Apothekers und Verfassers von Horoskopen und Prophezeiungen (*Les Prophéties de M. Michel Nostradamus*) allzeit eine große Schar von Auslegekünstlern und Gläubigen.

8

Wünschelrute und Telekinese (Psychokinese), umstritten und geheimnisvoll

8.1 Wünschelrutengänger: Können sie unterirdische Wasseradern, verborgene Schätze oder Gefahrenquellen wahrnehmen?

Es wird viel erzählt, berichtet und geglaubt: Manche mit einer besonderen Gabe, einem „Siebten Sinn" ausgestattete Menschen seien in der Lage, mit ihrer Wünschelrute die Anwesenheit und den Verlauf unterirdischer Wasseradern in Höhlensystemen aufzuspüren. (Grundwasser in kies- oder sandbeschichten Ebenen fließt in der Regel nicht in Adern, sondern bildet einen großflächigen See mit träge fließenden Strömungen.) Auch im Erdreich verborgene Erze und Metalle, elektrische Leitungen, archäologische Schätze und gesundheitsschädliche „Erdstrahlen" physikalisch nicht erfassbarer Art sollen dank besonderer Anziehungskräfte ihre unseren normalen Sinnen verborgene Anwesenheit dem begabten Rutengänger kundtun. In vielen Volkshochschulen

bieten private Lehrpersonen Kurse für Wünschelrutenge-
brauch an.

Geophysikalische elektrische und magnetische Felder
können über gewässerter Erde und über Metallen durchaus Schwankungen erfahren, die mit hochempfindlichen
Flächenelektrometern oder Metallortungsgeräten nachweis-
bar sind, doch solche Felder wie auch elektromagnetische
Wellen kommen für den Rutengänger als Informanten
nicht infrage; denn die Ruten können aus unterschiedlichen Materialien bestehen, elektrisch leitenden und
nichtleitenden, magnetisierbaren und nicht magnetisierbaren, je nach Anspruch und Bezahlbereitschaft aus Holz,
Plastik, Stahl, Kupfer, Silber oder Gold. Jedoch ist die
Form der Ruten und ihre Handhabung von Bedeutung:
Die in der Regel Y-förmig gegabelte Rute muss an ihren
zwei dem Körper des Rutengängers zugewandten Enden
durch Muskelkraft mechanisch auseinandergedrückt und
gespannt werden; nur nach dieser Vorspannung kann die
freie Spitze ausschlagen und sie schlägt nur in der Hand
eines Menschen aus, nicht, wenn sie in einer technischen
Halterung fixiert ist. Dies gibt dem Neurophysiologen Hinweise, was wohl passiert: Es ist die unwillkürlich ausgelöste,
kaum wahrnehmbare, ruckartige Spannungsänderung der
angespannten Muskeln des Rutengängers, die den Aus-
schlag bewirkt. Die Rute schlägt aus, wie ein aufgespannter
Regenschirm bei einem plötzlichen Windstoß umschlagen
kann. Man fragt: Tritt dieses Ereignis zuverlässig auf und
genau in dem Augenblick, in dem der Rutengänger exakt
den Ort über dem gesuchten Schatz überschreitet? Wie tief
in die Erde geht die Wahrnehmung?

Nicht nur die Landesämter für Bodenforschung und Geologie und der Berufsverband Deutscher Geowissenschaftler (Geowissenschaftliche Mitteilungen Nr. 53, Sept. 2013, Wikipedia „Wünschelrute", Zugriff 27. Sept. 2015), sondern auch die Gesellschaft zur Untersuchung von Parawissenschaften hält seit 2011 das Vermögen, mit Wünschelruten die behaupteten Suchergebnisse erzielen zu können, für nicht bewiesen (Gesellschaft zur wissenschaftlichen Untersuchung von Parawissenschaften www.gwup.org: Erdstrahlen; Zugriff am 7. Juli 2015).

8.2 Telekinese: Können Gedanken unbelebte Materie bewegen? Es winken riesige Lottogewinne!

In den Salons des 18. und 19. Jahrhunderts war es Mode, in spiritistischen, prickelnd geheimnisvollen Sitzungen, Séancen genannt, geleitet von einem Medium mit angeblich paranormalen Fähigkeiten durch bloße Gedanken gemeinsam leblose Gegenstände wie Tische in Bewegung zu versetzen. Heute haben Zauberkünstler die Rolle des Mediums übernommen, man wundert sich kaum mehr über solche geschickten Manipulationen. Verwundert ist man eher von der durch neue Techniken ermöglichten Steuerung von Roboterarmen durch konzentrierte Gedanken trainierter Behinderter (siehe Kap. 11).

Nicht immer ist jedoch ein Zauberkünstler zur Stelle und es wird noch immer von Fällen angeblich nachgewiesener Telekinese, auch Psychokinese genannt, berichtet. So wurde von Versuchen berichtet, elektronische Schaltkreise oder gar radioaktiven Zerfall durch Gedankenkraft zu beeinflussen. Erste aufsehenerregende Versuche mit einem Würfelgerät hatte der amerikanische Botaniker und Parapsychologe Joseph Banks Rhine Anfang der 1930er-Jahre durchgeführt. Allein durch geistige Anstrengung sollte der Proband versuchen, den Fall von Würfeln so zu beeinflussen, dass bestimmte Zahlen auf der Oberseite der Würfel häufiger zu sehen waren, als es dem reinen Zufall entspricht. Als er bekannt gab, seine Experimente würden beweisen, dass es möglich sei, durch bloßen Willen den Fall eines Würfels zu beeinflussen, musste er den Einwand hören, das könne durch geschickte Wurftechnik erzielt worden sein. Daraufhin baute Rhine einen Würfelautomaten. Wieder hätten manche Versuchspersonen durch bloße Willenskraft bessere Resultate erzielt als der Zufall erwarten ließ (Bericht von Kraft 2011). Doch wie steht es um die Präzision von Würfeln? So mancher Mensch-ärgere-dich-nicht-Spieler hat schon herausbekommen, dass man mit einem bestimmten Würfel eher eine Sechs erhält, als mit einem anderen. Deshalb wurde und wird die Aussagekraft von Experimenten mit Würfeln sehr kritisch beurteilt. Man ging zu elektronischen Geräten über, die das thermische Rauschen von Dioden ausnutzen, um Zufallsfolgen von Zahlen auf dem Bildschirm eines Computers anzeigen zu lassen. In vielen Medien wurde 1997 von einem erfolgreichen Versuch der gedanklichen Steuerung eines solchen Zufallsgenerators berichtet (Sheldrake 2011a, S. 323; kritischer Bericht von Kraft 2011).

Es geht hier um ein viel diskutiertes Forschungsprogramm, das sich über zwölf Jahre hingezogen hatte und an der renommierten Princeton University im US-Staat New Jersey, an der auch Albert Einstein nach seiner Auswanderung in die USA eine Professur innehatte, durchgeführt worden war. Das Programm wurde als PEAR-Forschungsprogramm bekannt, nach *Princeton Engineering Anomalies Research* (Princeton ingenieurwissenschaftliche Anomalienforschung). 91 Teilnehmer des Programms hatten in 2,5 Mio. Einzelexperimenten versucht, mental einen elektronischen Zufallsgenerator zu beeinflussen, der zufällige Folgen von Einsen und Nullen auswarf. Das erzielte Ergebnis wich im Durchschnitt um ein Zehntel Promille vom mathematisch zu erwartenden Wert ab. Beim Werfen einer 1-Euro-Münze wäre bei 20 000 Würfen der Adler 10 001-mal statt nur 10 000-mal oben gelandet. Zwar hatte nicht jeder Teilnehmer, in diesen Versuchen Operator genannt, eine gleich hohe Trefferquote, doch grundsätzlich schien jeder in der Lage zu sein, den Zufallsgenerator in gewissem Grad nach seinem Willen zu beeinflussen. Der Versuch einer Telekinese klappte anscheinend auch, wenn Kontinente zwischen dem denkenden Menschen und der Maschine lagen. Selbst die Zeit setzt der Telekinese anscheinend keine Grenzen. Manche Probanden schienen auf die Folge von Zahlen und Nullen Einfluss genommen zu haben, die der Zufallsgenerator erst 73 h später generierte. Es lag also augenscheinlich der Fall einer rückläufigen Kausalität vor; unser Weltbild schien erschüttert.

Der Effekt war zwar gering, doch war er aufgrund der hohen Zahl der Versuche statistisch hoch signifikant; dies besagt, wie im Kap. 9, Abschn. 9.3 erläutert wird, dass bei hundert Wiederholungen solcher Versuchsreihen allenfalls bei einer Versuchsreihe eine solche Abweichung durch puren Zufall zu erwarten gewesen wäre. Der Mathematiker Christoph Drösser (2000) berichtet, der Leiter des PEAR-Experiments vertreibe sogar kommerziell ein kleines tragbares Gerät, mit dem etwa Firmen die Harmonie bei ihren Vorstandssitzungen überprüfen könnten.

Die innere Voreinstellung der PEAR-Forscher zeigt eine Äußerung eines ihrer Mitglieder, Roger Nelson: „Menschen enden nicht einfach an der Oberfläche ihrer Haut. Bewusstsein ist größer als der physische Körper, und wir haben gute Belege, dass es eine Interaktion zwischen dem Bewusstsein und physikalischen Systemen gibt" (zitiert aus Kraft 2011). Diese Vorstellung erinnert sehr an Sheldrakes immaterielles, doch Materie bewegendes morphisches Feld und an den „erweiterten Geist" mancher Philosophen der Gegenwart (Kap. 2).

Mit den „guten Belegen" ist es freilich nicht weit her. Drei Institute hatten die Experimente wiederholt, darunter das Freiburger Institut für Grenzgebiete der Psychologie und Psychohygiene (IGPP) und das Institut für Psychobiologie und Verhaltensmedizin der Universität Gießen, doch ohne die Ergebnisse der PEAR-Gruppe reproduzieren zu können. Insgesamt seien, so der Bericht Krafts (2011) weiter, 750 Versuche durchgeführt worden, bei denen jeweils 3000-mal 200 Elementarereignisse gesammelt wurden. Je 1000-mal musste der Operator versuchen, eine möglichst hohe, eine möglichst niedrige beziehungsweise überhaupt keine Abweichung vom Mittelwert zu erzielen. Insgesamt entsprach dies 450 Mio. digitalen Münzwürfen. Zwar gab es minimale Abweichungen vom erwarteten Mittelwert, diese blieben aber unter der Signifikanzschwelle, waren also sehr wahrscheinlich dem Zufall gedankt. Vielleicht sei es die Natur der Psiphänomene, dass sie sich gegen den naturwissenschaftlichen Nachweis sträubten, mutmaßte das Team des Freiburger Instituts, das im Grundsatz Telekinese für möglich hielt. Diese Widerspenstigkeit der Psiphänomene hat sogar einen Namen: *Decline effect* (Abklingeffekt) nennen das die Parawissenschaftler. In ihrer Deutung nimmt eben mit zunehmender Versuchsdauer die Konzentration des Gedankensenders und damit die Kraft der Gedankenübertragung ab. In der Deutung des Mathematikers hingegen nähern sich die erzielten Werte mehr und mehr dem statistisch (= zufällig) zu erwartenden Wert (hier 50 %), je öfter ein Versuch gemacht wird. Nicht verwundern sollte, dass Sheldrake von negativ verlaufenen Nachprüfungen telekinetischer Beeinflussung von Zufallsgeneratoren nicht berichtet.

Kritische Berichte von Skeptikern sollten den Anhänger des Paranormalen nicht daran hindern, seine Gedankenkraft zu erproben. Mit etwas Geduld und Ausdauer sollte jeder in der Lage sein, einen Zufallsgenerator wie die bekannte Kugelmaschine der Lottogesellschaft durch bloße Gedankenkraft zu beeinflussen und ihr zu sagen, welche Zahlen sie ziehen soll; es winken riesige Gewinne. Und auch Glücksspielgeräte anderer Art wie die Roulettes der Spielcasinos und die Spielautomaten in Las Vegas könnten gewinnverheißende Ziele ihrer Gedankenkraft sein. Skeptiker des Paranormalen hindert der Verdacht, dass Berichte über Telekinese allenfalls etwas über das unbegrenzte Glaubensvermögen der berichtenden Personen aussagen, sich auf solche Versuche einzulassen; sie werden daher keine Konkurrenten sein.

8.3 Der Randi-Preis: eine Million Dollar zu gewinnen!

Wer trotz seines Glaubens an Telekinese nicht auf Lotto-gewinne warten möchte, dem winkt ein möglicherweise leichter zu gewinnender Preis, der Randi-Preis.

James Randi (geb. 1928), ein einstmals sehr erfolg-reicher, professioneller Zauberkünstler, hatte Anfang der 1980er-Jahre mit seinem Projekt „Alpha" der parapsycho-logischen Forschung eine herbe Niederlage bereitet. Er hatte zwei befreundete Zauberkünstler in ein Labor ein-geschleust, das sich experimentell mit parapsychologischen Phänomenen befasste (dem *McDonnell Laboratory for Psychical Research* in St. Louis, USA). In diesem Labor wurden Personen getestet, die nach ihrer eigenen Aussage über besondere mentale Kräfte verfügten, Kräfte, mit denen sie sogar materielle Objekte bewegen könnten. Das gaben auch die zwei Zauberkünstler vor, sie verbogen Löffel mit dem Wundertrick des damals in aller Munde gewesenen Magiers Uri Geller, bewegten verschiedene Gegenstände, belichteten mit Geisteskräften Filme und überzeugten die Parapsychologen davon, dass ein definitiver Beweis für die Existenz sogenannter Psiphänomene (psi von englisch *psychic* = übernatürlich) erbracht worden sei. Dann deckten die Zauberkünstler ihre eigene Schwindelei auf.

Bereits 1964 hatte Randi einen Preis ausgesetzt für den, der ihm seine paranormale Fähigkeit beweist, allerdings unter seiner Kontrolle und der Kontrolle eines Mentalisten. Der Preis wurde im Laufe der Zeit auf eine Million Dollar erhöht und wird von einer Stiftung verwaltet. Mehrere

Tausend Leute haben sich bisher beworben, noch keiner hat den Test bestanden, auch nicht Personen, die einen Ruf als erfolgreiche Medien erworben hatten. (Man sagt, gerade solche Profis im Geschäft mit der Esoterik seien sehr zurückhaltend, sich um den Preis zu bewerben.)

9

Wie entstehen nicht beweisbare Überzeugungen und Aberglaube?

9.1 Studien: Ursachenforschung oder bloße Korrelationen, was ist der Unterschied?

Unzählige Empfehlungen zur Ernährung und zu gesunder Lebensführung werden durch sogenannte Studien begründet. Es bedarf schon eines besonders kritischen Geistes, um sich zu fragen, was Studie denn meint. Allzu leicht ist man geneigt, unter Studie einen experimentell geführten Nachweis zu verstehen. Wenn man darüber nachdenkt, wie solche Versuche wohl gemacht werden könnten, mag man stutzig werden. Sind diese Studien Versuche an Menschen gewesen, etwa gar mit Substanzen, die im Verdacht stehen, Krebs zu erzeugen? Soll in Vergleichsexperimenten ein Medikament, von dem man sich Heilung verspricht, einem Teil der Patienten verweigert werden? Welche Ethikkommission könnte dem zustimmen? Und selbst wenn es nur um die Empfehlung geht, viel Gemüse dieser oder jener Art zu essen, wer denn hat wohl die 200 000 und mehr verschiedenen Substanzen, die jede Pflanze, jede lebende Zelle enthält und von denen einige Hundert spezifisch für

das empfohlene Gemüse sind, in langen Ernährungs- oder
Heilungsstudien wirklich getestet? Ebenso wenig sind die
Hunderte von artspezifischen Substanzen, die Heilkräuter
enthalten, lückenlos auf ihre Gesundheit fördernde oder
schädigende Wirkung in Experimenten geprüft.

Es handelt sich bei sogenannten Studien mit aller Wahrscheinlichkeit um bloße Korrelationsanalysen. Was sind
Korrelationen im Unterschied zu Ursachen? Einer meiner
Lehrer trug folgendes einprägsames Beispiel vor: Zur gleichen Zeit, als im Elsass die Zahl der Störche dramatisch zu-
rückging, ging auch die Zahl der Geburten beim Menschen
stark zurück (früher redeten verschämte Eltern ihren Kindern ein, Störche brächten die Kinder). Es handelt sich um
eine bloße Korrelation, die quantitativ durch einen Korrelationskoeffizienten erfasst wird, der mathematisch ermittelt
wird. Der Koeffizient ist in diesem Fall 1,0; das heißt, die
Übereinstimmung ist perfekt, als ob eine direkte Ursachen-
beziehung vorläge, als ob der Rückgang der Storchenzahl
tatsächlich Ursache der gesunkenen Geburtenrate in der
menschlichen Bevölkerung gewesen wäre.

Erhebungen über Storchpopulationen und Geburten-
zahlen beim Menschen führten in allen Ländern Europas zu
ähnlichen Ergebnissen wie im Elsass und dies könnte den
falschen Schluss, es handle sich um eine direkte Ursache,
verstärken. Korrelationen schließen allerdings Ursachen
nicht aus, schon gar nicht ferne, indirekte Ursachen. Der
parallele Rückgang der Storchpopulationen und der Gebur-
tenmeldungen in den Standesämtern dürften ferne Folgen
der Industrialisierung gewesen sein mit der Zerstörung der
Lebensräume für Störche einerseits und dem zunehmenden
Gebrauch empfängnisverhütender Mittel andererseits.

Die in den Medien verbreiteten Studien sind in aller Regel statistische Erhebungen, ausgewertet mit Korrelationsanalysen und, wenn möglich, Wahrscheinlichkeitsberechnungen. Es werden Krankheitsdiagnosen an möglichst vielen Menschen in unterschiedlichen Ländern ausgewertet und es wird nach Korrelationen zwischen einer bestimmten Erkrankung, der Einnahme eines Mittels oder der möglichen Einwirkung einer Gefahrenquelle wie radioaktiver Strahlung gesucht. Bei der Suche nach erhofften positiven Effekten einer bestimmten Ernährungsweise oder der Anwendung bestimmter Heilkräuter ist dies nicht anders. Studien gründen auf der Erwartung, dass rein zufällige Übereinstimmungen (Koinzidenzen) umso unwahrscheinlicher sind, je häufiger Korrelationen mit guten Korrelationskoeffizienten ermittelt werden. Das Argument, nicht nur ein gezieltes Experiment, sondern auch eine bloße Korrelation könne eine Ursache anzeigen, gewinnt an Gewicht, wenn ein dramatischer oder sehr häufiger Effekt keine andere Deutung als einen ursächlichen Zusammenhang mehr zulässt. Die einst in Südostasien weitverbreitete Nervenerkrankung (Polyneuropathie) Beri-Beri beispielsweise ließ sich mit der Einführung von geschältem Reis als Nahrungsmittel korrelieren und mit ähnlichen Symptomen im Tierversuch mit dem Mangel an Vitamin B1 des geschälten Reises in Beziehung bringen. Man war der Ursache auf der Spur; die Krankheit ist heute mit Vitamin B1 auch beim Menschen sehr gut heilbar oder vermeidbar.

Dennoch gilt im Auge zu behalten, dass primär nur Korrelationen festgestellt werden, nicht Ursachen (siehe Ausführung gegen Schluss von Abschn. 9.3). Dies gilt gleichermaßen auch für Daten, die im Bereich parapsychologischer

Forschung erhoben werden. Wer aber weiß das, wen interessieren die vielen Zahlen und die genauen Umstände in jedem einzelnen Fall?

9.2 Die geglaubte und mitunter erlebte Wirkung von Homöopathie, heilenden Magneten und Steinen

Stellen Sie sich vor: Sie befällt öfter ein quälendes Leiden, sagen wir Migräne oder häufige und heftige Hustenanfälle im Winter, und Sie suchen nach einem Medikament, das Ihnen hilft. Oder Sie leiden an einer chronischen Krankheit, mal geht es Ihnen besser, mal verschlimmern sich die Beschwerden, und dies in unregelmäßiger Folge (Abb. 9.1). Sie nehmen etwas ein, von dem Sie sich Linderung versprechen, einen empfohlenen Kräutertee, ein homöopathisches Mittel, ein verschreibungsfreies Angebot ihres Apothekers oder ein Medikament, das Ihnen Ihr Arzt verschrieben hat. Und siehe da, was immer Sie gewählt haben, die Beschwerden gehen zurück, wenn Sie Glück haben sofort, in anderen Fällen nach wiederholtem Einnehmen des Mittels über ein paar Tage. Sie glauben, das Mittel habe geholfen. Dass auch ohne dieses Mittel die Erkältung abgeklungen oder die Kurve des chronischen Leidens wieder abgesunken wäre, konnten Sie ja nicht vorhersehen. Hoffnungsvoll nehmen Sie dasselbe Mittel beim nächsten Eintreten des Leidens wieder ein, und siehe da, es hilft augenscheinlich erneut, weil nun mal jede Erkältung nach einiger Zeit abklingt,

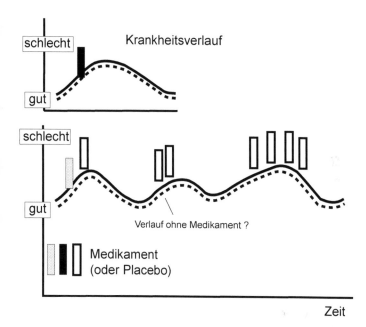

Abb. 9.1 Typische Krankheitsverläufe. Gepunktete Linie: Möglicher Verlauf ohne Einnahme einer als Medikament angesehenen Substanz. Weitere Erklärung im Haupttext

jede Leidenskurve immer früher oder später auch wieder abfällt. Nach wiederholter Einnahme und wiederholtem Rückgang ihrer Beschwerden sind Sie überzeugt: Das Mittel wirkt. Hat das vermeintliche Medikament gar keinen Wirkstoff enthalten, tut das nichts zur Sache, Sie glauben an das Mittel, Sie haben einen Aberglauben entwickelt.

Statt ein vermeintliches Medikament einzunehmen, hätten Sie mit gleichem Erfolg auch einen Blick auf den Sternenhimmel werfen, ein Gebet zum Himmel richten oder einen Zauberspruch aufsagen können.

Hinzu kommt der Placeboeffekt, der hilft allemal, sofern das Leiden eine psychosomatische Komponente hat, also ihre subjektive Befindlichkeit eine Rolle spielt wie bei chronischen Schmerzen. Placebo, ein Scheinmittel; Placeboeffekt: die Erwartung einer positiven Wirkung; sie gibt Ihnen Vertrauen, Vertrauen stärkt, wie es heißt, Ihre Selbstheilungskräfte; Glaube und Hoffnung fördern allemal besseres Befinden.

Homöopathie bedarf einer eingehenden Erörterung; denn wohl alle Heilpraktiker und Apotheken in unseren Landen und auch viele Arztpraxen bieten homöopathische Präparate an und eine große Zahl von Patienten vertraut solchen Präparaten. Der Begründer der Homöopathie Samuel Hahnemann (1755–1843) schrieb in Latein „similia similibus curentur", auf Deutsch: „Ähnliches solle durch Ähnliches geheilt werden." Er setzte Krankheiten mit Giften gleich und verschrieb Gifte wie Arsen, ließ diese jedoch nach anfänglich gemachten unguten Erfahrungen durch wieder und wieder wiederholtes Verdünnen („Potenzieren") so weit verdünnen, dass das Endpräparat rechnerisch kein ganzes Molekül oder Atom des Wirkstoffes mehr enthielt.

Die durch hohe „Potenzierung" vom Wirkstoff befreiten Lösungen werden für die praktische Handhabung in der Regel auf Kügelchen von Zucker getropft und abgedampft; die Kügelchen („Globuli") werden dem Patienten in der Praxis verabreicht oder in der Apotheke verkauft.

Wie kommt es, dass am Ende wirkstofffreie Präparate eine Wirkung entfalten? Die ursprünglich gelöste Wirksubstanz habe, so sagen Homöopathen, Information auf das Verdünnungsmittel (Wasser oder Wasser-Alkohol-Gemisch) übertragen und für diesen Informationstransfer brauche es – anders als in der Genetik und in der Technik – keinen materiellen Träger. Die Wirkstoffinformation würde also bei jeder Verdünnung ungeschwächt und unvermindert auf das neu hinzugegebene Verdünnungsmittel übertragen, anders beispielsweise als genetische Information. Gene sind materielle Riesenmoleküle aus DNA, die von der Zelle verdoppelt (repliziert) werden, bevor sie bei der Zellteilung auf die zwei Tochterzellen verteilt werden. Die bisher erforschte Natur kennt keinen Informationstransfer ohne einen Informationsträger, der mit physikalisch-chemischen Methoden erfasst werden könnte. Eine Hypothese, wie eine Informationsübertragung bei wiederholter homöopathischer Verdünnung ohne physikalisch-chemische Informationsträger, ohne Licht oder andere elektromagnetische Wellen geschehen könnte, wird nicht vorgetragen. Einen nachprüfbaren Beweis für medizinische Wirksamkeit ihrer Präparate ist die Homöopathie bis heute schuldig geblieben (siehe Doppelblindversuche im folgenden Abschnitt). Warum aber glauben viele Patienten und sogar Ärzte und Ärztinnen an deren Wirksamkeit?

Eine Ärztin, Frau Natalie Grams aus Heidelberg, gibt eine Antwort. Sie hatte erfolgreich eine private homöopathische Praxis geführt, hat aber nach Recherchen über die Herkunft der Heilmethode und über erfolglose Bemühungen einer wissenschaftlichen Beweisführung für das Heilungsvermögen der Präparate ihre Praxis aufgegeben. In ihrem Buch (Grams 2015) sagt sie, Homöopathie habe Effekte ähnlich einer Gesprächstherapie. Menschen durften bei ihr, wie wohl auch in vielen Praxen von Heilpraktikern und Vertretern einer alternativen Naturmedizin, ihr Herz ausschütten und ausgiebig von ihren Leiden erzählen. Dies hilft bei vielen Beschwerden und Leiden, bei denen private Erlebnisse und die seelische Befindlichkeit des Leidenden von großer Bedeutung sind.

Frau Grams schreibt auf S. 3 ihres Buches:

> Fakt ist: Die Befürworter der Methode glauben wider alle vernünftigen Argumente an die Wirkung der weißen Kügelchen voller Nichts und sehen sich allein durch ihre Behandlungserfolge ausreichend bestätigt. Nachfragen, wie sich denn die Wirkung erklärt, weichen sie entweder aus, oder sie stellen bei ihrer Argumentation sämtliche Prinzipien der Logik und der Wissenschaft auf den Kopf. Vielleicht ist der Widerstand der Homöopathen gegen einen wissenschaftlichen Nachweis der Wirksamkeit deshalb so groß, weil sie ganz einfach festzustellen meinen: Die Homöopathie wirkt.
>
> Ich kann jedoch genauso bestätigen, dass es eine ganze Reihe von Fällen gibt, in denen die homöopathische Behandlung rein gar nichts bewirkt hat. Dass sie sogar einen Placebo-Effekt schuldig geblieben ist. (Grams 2015, S. 3)

Mit der Homöopathie verwandt sind nach Aussage der Ärztin Grams weitere Methoden der alternativen Medizin wie anthroposophische und tibetische Medizin, die Anwendung von Schüssler-Salzen, Bachblüten, Elektroakupunktur, Farb- und Aromatherapie oder Klangschalentherapie. Wir beleuchten kurz und beispielhaft zwei weitere esoterische Heilmethoden.

Heilende Magneten und Steine

Magneten als Heilmittel wurden von dem aus dem Bodenseeraum stammenden Theologen, Arzt und Wunderheiler Franz Anton Mesmer (1734–1815) populär gemacht. Seine Doktorarbeit belegt seinen Glauben an Astrologie: *De planetarum influxu in corpus humanum*, auf Deutsch: „Der Einfluss der Planeten auf den menschlichen Körper." In Wien erfährt er von der von dem Jesuitenpater Maximilian Hell verkündeten heilenden Wirkung von Magneten auf den menschlichen Organismus, erfand selbst „Magnetkuren" und heilte hinfort in Wien, Paris und vielen anderen Orten viele Frauen von der damaligen Modekrankheit Hysterie, indem er einen u-förmigen Magneten über ihr Haupt hielt. Seine Heilmethode wird in Mozarts Oper *Cosi fan tutte* in einer Parodie satirisch vorgeführt. In Meersburg am Bodensee, seinem Sterbeort, steht ein hübsches Denkmal, das ihn in dieser Pose zeigt.

Freilich wurde Mesmer von einer von der Kaiserin Maria Theresia einberufenen Kommission beschuldigt, seine Heilmethode basiere auf Betrug, und in Paris kam eine königliche Kommission mit angesehenen Mitgliedern der Pariser Universität zu dem Schluss, ein Beweis für die Wirksamkeit magnetischer Heilmethoden sei nicht erbracht worden. Ein solcher Beweis steht bis heute aus. Dies hält Anhänger des Mesmerismus nicht davon ab, an die heilende Wirkung von Magneten zu glauben. Auch Tieren wie Pferden kann man magnetische Heilkräfte zugutekommen lassen. Heilpraktiker und Verkäufer von magnetischen Utensilien verdienen gutes Geld.

Dies gilt ebenso für die Anbieter heilender Steine, die physikalisch nicht nachweisbare Schwingungen und Energien ausstrahlen sollen, und für die Verkäufer sonstiger heilender Materialien, die der Markt für esoterische Utensilien so reichhaltig anbietet. Mit dieser Bemerkung sei das Thema abgeschlossen.

9.3 Die unerbittliche, ungeliebte Forderung der Wissenschaft nach Doppelblindversuchen

Es ist in diesem Buch wiederholt von wissenschaftlichen Beweisen und in diesem Zusammenhang von Doppelblindversuchen die Rede gewesen. Was sind Doppelblindversuche? Kurz gefasst sind es Versuche, in denen sowohl die Teilnehmer an dem Versuch als auch die Mitarbeiter des Versuchsleiters einschließlich der Ärzte oder Psychologen, welche die abschließende Diagnose stellen, nicht wissen, ob die jeweilige Person eine Behandlung mit einem echten oder erhofften Medikament (einem Verum) oder mit einem Scheinmedikament, einem Placebo, erhalten hat.

Ein neues Medikament werde auf seine Wirkung geprüft. Mindestens 60 Personen sollten gefunden werden, die an dem Versuch teilnehmen, je mehr desto besser. Die Personen werden in zwei gleich große Gruppen eingeteilt, eine Gruppe A, die das Medikament erhalten wird, und eine Kontrollgruppe B, die das Placebo, das Scheinpräparat ohne Wirkstoff, bekommen soll. Nach Möglichkeit sollten beide Gruppen die gleiche Zusammensetzung haben: gleiches Alter, gleiche Geschlechterverteilung, gleicher Gesundheitszustand. Da dies in der Praxis nie vollständig möglich ist, wird die Zuweisung einer jeden Person zur Gruppe A oder B gelost. Man spricht von einer randomisierten Studie (von englisch *random* = zufällig).

Blindstufe 1: Die Patienten wissen nicht, was sie erhalten, ob das Medikament oder ein Placebo; sie wissen nicht einmal, dass es zwei Gruppen gibt. Erwartungen oder Befürchtungen könnten ihr Befinden oder ihre Aussagen beeinflussen.

Blindstufe 2: Das Personal, das beispielsweise die Blutwerte misst, und besonders die Ärzte, die mit ihrer Diagnose den Versuch begleiten und abschließen, wissen ebenfalls nicht, was die jeweilige Versuchsperson erhalten hat. Allzu leicht könnten Erwartungen die Wahrnehmung beeinflussen.

Oft allerdings können Patienten und mehr noch Ärzte erahnen, wer das Medikament erhalten hat; denn jedes wirksame Medikament hat auch Nebenwirkungen, die das Placebo nicht haben sollte, jedenfalls nicht in gleicher Stärke und Deutlichkeit. (Hat es ebenfalls Nebenwirkungen und seien es nur durch Gerüchte ausgelöste spricht man von Nocebo). Andererseits zeigen positiv wirksame Placeboeffekte, dass die Hoffnungen und Erwartungen der Patienten einen großen Einfluss auf den Heilungsprozess haben können. Wie aber sollte man bei Akupunktur eine Placebobehandlung ansetzen? Zumindestens der Akupunkteur selbst weiß immer, wann er mit vorgetäuschten Nadeln einen vermeintlichen Stich setzt, und der Patient sollte es wohl auch merken.

Tab. 9.1 Drei verschiedene Medikamente, jeweils im Vergleich zu einem Placebo klinisch getestet. Ergebnisse nach vier Wochen Behandlung. Test nach Cavalli-Sforza (1980)

Medikament Nr. 1	Noch immer krank	Gesund	Summe
Mit Medikament	12	*18*	30
Mit Placebo	19	*11*	30
Summe	31	29	60

Chi-Quadrat-Test nach Fisher Yates zum Vergleich zweier Prozentzahlen

$$\frac{(19 \times 18 - 12 \times 11 - 60 / 2)^{\text{im Quadrat}} \times 60}{31 \times 29 \times 30 \times 30}$$

= Chi-Quadrat = 2,40; dieser Unterschied ist nicht signifikant; Wer hätte nicht an eine Wirkung geglaubt? Doch der Wert müsste 3,841 erreichen oder überschreiten.

Medikament Nr. 2	Noch immer krank	Gesund	Summe
Mit Medikament	9	*21*	30
Mit Placebo	18	*12*	30
Summe	28	32	60

Chi-Quadrat = 4,286; der Unterschied ist nun eben signifikant, doch mit einer Irrtumswahrscheinlichkeit von 5 % ($p = 0,05$).

Wir nehmen mehr Patienten, nun 477, in eine Studie für Medikament Nr. 3 auf:

Medikament Nr. 3	Noch immer krank	Gesund	Summe
Mit Medikament	1	*243*	245
Mit Placebo	8	**225**	233
Summe	9	468	477

Chi-Quadrat = 4,37; der Unterschied scheint auf den ersten Blick hin nicht groß zu sein, doch wir haben das Signifikanzniveau bei einer Irrtumswahrscheinlichkeit von 5 % ($p = 0,05$) erreicht! Beim Chi-Quadrat-Wert 6,64 wäre eine Irrtumswahrscheinlichkeit von 1 % ($P = 0,01$) erreicht und man spräche von einem hoch signifikanten Unterschied.

Wir sehen, wie wichtig große Teilnehmerzahlen an Studien sind!

Was für medizinische Studien gilt, gilt entsprechend auch für parapsychologische Studien, bei denen ebenso wie bei der Akupunktur geeignete Blindversuche nicht leicht zu konzipieren sind. Was wäre ein Verum, was ein Placebo? Eine Möglichkeit wäre, dass beim Test einer vermuteten Tod-Fernwahrnehmung beiden Gruppen Bildtafeln mit Gesichtern gezeigt werden und die Probanden sollen angeben, welche wohl kürzlich erst verstorben seien, aber nur die Bildtafel der Gruppe A zeigt auch einige Gesichter von soeben Verstorbenen. Werden sie als tot wahrgenommen? Merkt andererseits die Gruppe B, dass kein Verstorbener unter den gezeigten Portraits ist?

Was besagt nun statistische Signifikanz? Bei jedem Versuch spielt auch unvermeidlich der Zufall eine Rolle, vor allem dadurch, dass die Gruppenzusammensetzung bei jedem Versuch etwas anders ist. Selbst wenn bei einer Wiederholung des Versuchs die gleichen Personen teilnehmen, fiele das Losverfahren anders aus, die Gruppen A und B wären anders zusammengesetzt, wie es der Zufall will. Man spricht in der Statistik von Stichprobenfehlern und Irrtumswahrscheinlichkeit. Man hat sich in der Wissenschaft geeinigt, dass bei einer Irrtumswahrscheinlichkeit von 5 und weniger Prozent von einem signifikanten Unterschied gesprochen werden darf (bei einer Irrtumswahrscheinlichkeit von 1 und weniger Prozent von hoch signifikant). Was heißt das? Würde man die Versuche 100 mal wiederholen, käme bei (nur) 5 % der Versuche ein solcher Unterschied allein durch die zufällige Verteilung der Personen auf die Versuchs- und die Vergleichsgruppe zustande. Der Wert ist jedoch nicht feststehend: je inhomogener eine Gruppe ist, desto größer sind

die möglichen Unterschiede zwischen den Gruppen A und
B (bei harter Statistik müssen die unterschiedliche Sensiti-
vitäten der Personen separat ermittelt werden). Wie auch
immer, es wird in Kauf genommen, dass in Versuchsreihen
jeder 20. Beleg falsch ist.

Wie groß der Unterschied sein muss, damit die Signifikanzschwelle überschritten ist, zeigen die in Tab. 9.1 aufgeführten Beispiele:

Man denke nun beispielsweise an Broccoli, Blumenkohl
oder eine andere Kohlsorte, sie enthält etwa 120 verschiedene Schwefel-haltige Senfölglykoside (Senföle). Kaum
minder hoch dürfte der Gehalt einer beliebig anderen, als
gesundheitsfördernd angepriesenen Pflanze an verschiedenen, für diese Pflanze charakteristischen Substanzen sein.
Für all diese Substanzen einzeln Doppelblindversuche zu
machen, ist aus finanziellen und zeitlichen Gründen nicht
möglich; es wären da ja auch noch verschiedene Konzentrationen und Mengen zu testen!!! Schließlich sollte es einen
Unterschied machen, ob ich gelegentlich eine Tasse grünen
Tee trinke oder täglich zehn. Man beschränkt sich auf ein
bis zwei verschiedene Substanzen bei ein bis zwei verschiedenen Konzentrationen und stellt dann fest: Kohlgemüse
oder grüner Tee ist gesund!

Wahrscheinlichkeitsstatistiken können nur ermitteln,
wie wahrscheinlich oder unwahrscheinlich ein Ereignis aufgrund des bloßen Zufalls ist, nicht aber, was die Ursache
für die Abweichung vom puren Zufall ist. Allzu leicht sind
auch Profiwissenschaftler geneigt, statistische Signifikanz

als Beweis dafür zu nehmen, dass die angenommene Ursache nun auch bewiesen sei. Gewiss wird man bei den in der Tab. 9.1 dargestellten Versuchen die höhere Heilungsquote auf das Medikament zurückführen wollen. Sicher ist das aber nicht, es könnten auch andere Ursachen für die Unterschiede verantwortlich sein. (Relativ häufiger Fehler: Beim Ansetzen einer Lösung, die anschließend im Labor immer wieder gebraucht wurde, unterlief ein Rechenfehler; die gemessenen Blutwerte sind folglich falsch, sooft sie auch wiederholt werden, solange keine neue, korrekt angesetzte Lösung hergestellt wird.) Daher wünscht man sich in der Wissenschaft Wiederholungen der Versuchsergebnisse durch verschiedene, unabhängige Forschergruppen; sie werden ja wohl nicht alle den gleichen Fehler machen.

Auch hängen für den Forscher die Möglichkeiten einer erfolgreichen Berufskarriere davon ab, wie viel er in wenigen Monaten publiziert. Oft besteht deshalb die Neigung, nicht allzu kritisch zu sein und sich dem *Mainstream*, der vorherrschenden Meinung, anzuschließen; zumal die Anträge, die man geldgebenden Institutionen einreichen muss, und die Manuskripte, die man Verlagen zur Publikation vorgelegen möchte, im Forschungsbetrieb Gutachtern vorgelegt werden, die auf demselben Fachgebiet forschen oder geforscht haben und deren eigenen Publikationen man tunlichst nicht geradeheraus widerspricht.

Und so kann in der Forschung auch Beschämendes passieren. Davon wird im folgenden Abschnitt berichtet.

9.4 Die Macht des Geglaubten in der Wissenschaft und die Hypothese eines paranormalen Erinnerungsfeldes

Gedächtnis und Erinnerung sind Themen der Neurowissenschaften und der Psychologie, die so umfangreich sind, dass hier in diesem Buch nicht weiter auf sie eingegangen werden kann. Es seien nur in Hinblick auf das in vorigen Abschnitten Gesagte ein kurzer Ausschnitt aus der Wissenschaftsgeschichte referiert und ein kurzer Blick in die Schriften des Esoterikers geworfen.

9.4.1 Gedächtnistransfer und Macht des Geglaubten in der Wissenschaftsgeschichte der Biologie

Es gab eine Zeit, so zwischen 1950 und 1978, da erschienen in wissenschaftlichen Zeitschriften Berichte, nach denen gelerntes Wissen von einem Tier auf ein anderes übertragen worden sei. In den ersten Experimenten und in ihrer gröbsten Form wurde Planarien (in Süßgewässern vorkommende, äußerlich nacktschneckenähnliche Tiere) durch Dressur beigebracht, auf ein Lichtsignal hin eine drohende Gefahr oder Bestrafung zu meiden. Diese dressierten Planarien wurden alsdann hungernden Artgenossen zum Verzehr angeboten und diese sollten nach dem Kannibalenmahl die Gefahr oder Strafe auch ohne vorige Dressur gemieden haben. Es mehrten sich in kurzer Zeit Berichte über ähnliche, weniger grob durchgeführte

Experimente zu angeblich erfolgreichen, biochemischen Gedächtnistransfers. Sie gipfelten in sensationellen, für Außenstehende (wie dem Fernsehmoderator Frank Elstner) nobelpreisverdächtigen Versuchen, Fische, Ratten oder Mäuse zu ungewöhnlichem Verhalten zu stimulieren, indem ihnen aus dem Gehirn dressierter Tiere extrahierte Substanzen (wie RNA und Peptide) injiziert wurden. In aufsehenerregenden Experimenten wurden Mäuse und Ratten dressiert, einer drohenden Bestrafung durch einen Elektroschock zu entgehen, indem sie entgegen ihrer Natur nicht in einen dunklen, sondern in einen hellen Unterschlupf flüchteten. Die extrahierte Substanz, die solches unnatürliches Verhalten übertragen haben soll, wurde Scotophobin (= Dunkelangst) genannt. Der Finder, der amerikanische Neurobiologe Georges Ungar, sagte damals: „Ich halte es für möglich, dass wir in einigen Jahrzehnten Erinnerungsmoleküle mit allen nur denkbaren Informationen (etwa zehn Millionen Substanzen) im Labor herstellen können, die im Gehirn dann genau das entsprechende Verhalten auslösen" (Ungar 1974). „Verspeise Deinen Professor", war eine Empfehlung an Studenten jener Tage. Solche Aussagen provozierten jedoch eine Gegenbewegung kritischer Wissenschaftler. In Berichten über Folgeversuche, welche von anderen Autoren durchgeführt und publiziert wurden, wurde gesagt, die Tiere seien nach Injektion von Scotophobin lediglich aufgeregt gewesen, wären mehr herumgerannt und hätten sich bloß eine kürzere Zeit in dem verdunkelten Unterschlupf aufgehalten (Malin 1974; Wojcik und Niemierko 1978). Bemerkenswert bleibt, dass eine Substanz, in diesem Fall ein Peptid, ähnlich einer Droge ein Verhalten ändern kann (Kohn 1978; Malin 1974; Setlow 1997;

Wojcik und Niemierko 1978), doch eine Substanz ist kein Gedächtnisinhalt und der Spuk war plötzlich zu Ende.

Das hier vorgetragene Beispiel ist nur eines von einer Reihe historischer Beispiele, bei denen die Erwartung der Experimentatoren zur sich selbst erfüllenden Prophezeiung wurde. Unbewusste Voreingenommenheit kann die Aufmerksamkeit zum Tunnelblick verengen und das Sammeln, die Analyse und die Interpretation der Daten in eine modische *Mainstreamrichtung* kanalisieren. In der internationalen Psychologie spricht man von *experimenter effect, observer expectancy effect* (Beobachter-Erwartungs-Effekt) oder *confirmation bias* (Bestätigungs-Voreingenommenheit) (Alcock 2003; Smith 2003). Ein klassisches Beispiel ist das Experiment des Harvardprofessors Robert Rosenthal: Zwölf Studenten wurde gesagt, sie nähmen an einem Experiment teil, indem fünf Exemplare eines auf Klugheit gezüchteten Rattenstammes mit fünf angeblich dummen Ratten verglichen wurden. Obzwar beide Gruppen aus normalen weißen Laborratten bestanden, hätten in den Augen der Studenten die „klug" angesehenen Ratten bei der Orientierung in einem Labyrinth besser abgeschnitten als die „dummen" (Rosenthal und Fode 1963; Rosenthal 1998). Solche Effekte sollten im Doppelblindversuch (Abschn. 9.3) ausgeschlossen sein.

9.4.2 Das Erinnerungsfeld des Esoterikers

Es geht darum, ob Erinnerungen überhaupt im Gehirn gespeichert werden. Unser Esoteriker bestreitet dies. Zitat:

Niemand hat je [im Gehirn] eine Erinnerungsspur gesehen, und Wissenschaftler, die nach ihnen forschten, fanden
keine. In diesem Kapitel werde ich eine andere Möglichkeit erkunden, dass Erinnerungen eben *nicht* im Gedächtnis gespeichert sind. Die raum-zeitlichen Muster, die wir
erinnern, sind vielleicht nicht im Gehirn eingeschrieben,
sondern beruhen möglicherweise auf der Wirkung mor-
phischer Felder. Die morphischen Felder, die in der Vergangenheit unsere Erfahrung, unser Verhalten und unsere
geistigen Aktivitäten organisierten, können durch morphische Resonanz wieder gegenwärtig werden. Wir erinnern
uns aufgrund dieser morphischen Resonanz mit unserer
eigenen Vergangenheit. (Sheldrake 1983, 2010)

An anderer Stelle:

Das persönliche Gedächtnis kann als Selbsresonanz aus
der Vergangenheit eines Menschen verstanden werden
– man braucht nicht mehr davon auszugehen, dass alle
Erinnerungen als flüchtige materielle Spuren im Gehirn
gespeichert werden müssen. (Sheldrake 2011a, S. 372)

Hoffnung für demente Alzheimer-Patienten?

10

Morphogenetische und morphische Felder der Esoterik als universale Erklärungshypothese?

Denn eben wo Begriffe1 fehlen,
da stellt ein Wort zur rechten Zeit sich ein.
Mit Worten läßt sich trefflich streiten,
mit Worten ein System bereiten,
an Worte läßt sich trefflich glauben,
von einem Wort läßt sich kein Iota rauben.
J W Goethe: Faust 1, im Studierzimmer, Worte des Mephistoteles an den Schüler des Theologiestudiums

10.1 Die Vorstufe: das morphogenetische Feld der Biologie

In seinem Buch *Der Wissenschaftswahn* (2012) schreibt der Autor Rupert Sheldrake mit Verweis auf ein früher von ihm publiziertes Buch: „In diesem Buch formulierte ich die Hypothese, dass es formgebende Felder gibt, die sowohl

---

[1] Hier ist „Begriff" nicht als bloßes Wort gemeint, sondern als etwas wirklich Begriffenes, Verstandenes, Erklärbares.

das Wachstum der Pflanzen als auch die Entwicklung von Embryonen steuern. Diese Felder nannte ich morphogenetische Felder" (Sheldrake 2012, S. 11). Eine solche Aussage erweckt im Leser die Meinung, der Begriff des morphogenetischen Feldes sei von ihm geprägt und eingeführt worden. Dies ist nicht so. Der Begriff kam um 1920 auf und ist seither in der Embryologie in Gebrauch.

10.1.1 Bedeutung des Begriffs in der klassischen und modernen Biologie

Ein morphogenetisches Feld ist ein Areal im sich entwickelnden Embryo, aus dem eine bestimmte komplexe Struktur hervorgeht (altgriechisch *morphe* = Gestalt, *genein* = erzeugen, hervorbringen). Im Embryo eines Amphibiums, Vogels oder Säugetieres sind dies beispielsweise die Areale, aus denen die Augen hervorgehen und jene vier kreisförmigen Areale in den Flanken des zu dieser Zeit noch sehr kleinen (beim Menschen 4–6 mm langen) Embryos, aus denen die Armknospen und Beinknospen hervorgehen. Diese Areale können schon vor dem Auswachsen der Knospen mit Verfahren der Molekularbiologie (In-situ-Hybridisierung) sichtbar gemacht werden, mit Verfahren, welche Vorstufen (mRNA) der Signalsubstanz FGF-10 blau färben. Später gliedern sich diese Felder in Unterfelder auf, ein Armfeld beispielsweise in Unterfelder für den künftigen Oberarm, den Unterarm und die Hand.

Solche Areale haben anfänglich Eigenschaften, die nicht leicht zu erklären sind und an geheimnisvolle Kräfte denken lassen. Das ursprünglich einheitliche Augenfeld in der Mitte des künftigen Gehirns gliedert sich selbsttätig in ein linkes und ein rechtes Augenfeld. (Wenn es sich nicht auftrennt, entsteht ein einzelnes Zyklopenauge auf der Stirn.) Andere Felder können künstlich geteilt werden und es entstehen Mehrfachbildungen. Wird ein Armfeld früh durch einen Schnitt ganz geteilt, entstehen zwei vollständige, wenn auch kleinere Arme; bei nur teilweisem Einschnitt kann ein Arm mit verdoppelter Hand entstehen. Im Vogelei kann die ganze Keimscheibe als Feld betrachtet werden, das bei seiner Teilung eineiige, ganz oder teilweise getrennte Zwillinge hervorbringt (Abb. 10.1). Man hat bei der Interpretation der ersten Versuche dieser Art an Magneten gedacht, die bei einer Trennung zwei ganze, wenn auch nur halb so große Magnete liefern, beide jedoch mit Nord- und Südpol und umgeben von magnetischen Feldern. Von solch physikalischen Feldern ließ sich unser Esoteriker anregen, den Begriff des Feldes auch für weitere, von ihm angenommene, jedoch mit unseren Sinnen nicht wahrnehmbare Erscheinungen und Wirkungen nichtmaterieller Art einzuführen (siehe Abschn. 11.2).

Mittlerweile sind jedoch fast hundert Jahre seit der Einführung des Begriffes „morphogenetisches Feld" vergangen, Forschung und Erkenntnisstand sind nicht stehen geblieben. In der heutigen Biologie ist das morphogenetische Feld ein Areal, in dem sich Signalsubstanzen ausbreiten. Anfänglich werden im Zentrum des Armfeldes Gene für Signalsubstanzen der FGF-Klasse aktiviert; das Zentrum wird zum Signalsender. Die Signalsubstanzen breiten sich, an Konzentration abnehmend, vom Zentrum bis an den Rand des Feldes aus. Später treten in diesen Arealen mehr und mehr weitere Sender auf, die andere Signale aussenden (Abb. 10.2) und die sich wechselseitig beeinflussen.

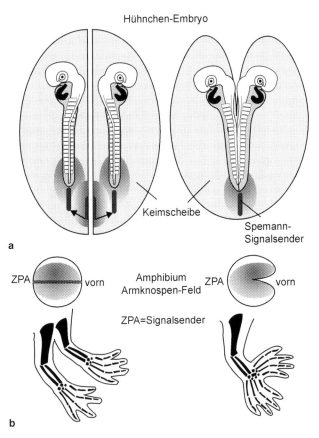

Morphogenetsche Felder
nach ganzer oder teilweiser Trennungn

Hühnchen-Embryo

Keimscheibe

Spemann-
Signalsender

a

ZPA — vorn   Amphibium
Armknospen-Feld   ZPA — vorn

ZPA=Signalsender

b

Abb. 10.1 Morphogenetische Felder nach ganzer oder teilweiser Trennung. Beachte: Die Felder wurden im frühen Embryonal-
stadium durch einen Schnitt getrennt, lange bevor irgendwelche
Strukturen zu sehen waren. Es waren jedoch zu dieser Zeit wichtige Signalsender tätig. Der Spemann-Sender ist in der Fachwelt
als Spemann-Organisator (*Spemann organizer*) bekannt, benannt

Morphogenetische Felder

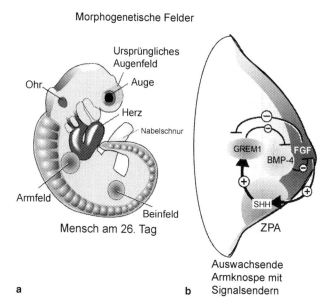

Abb. 10.2   Arm- und Beinfeld als morphogenetische Sender. *ZPA* ist ein Sender am Hinterrand des Feldes und der aus diesem Feld hervorgehenden Knospe. Die Kürzel *FGF, SHH, BMP-4* und *Grem1* bezeichnen bestimmte Signalsubstanzen. Aus Müller und Hassel 2012, vereinfacht.

Benachbarte Sender können zum Schweigen gebracht, andere Orte zur Aufnahme eines weiteren Sendebetriebs stimuliert werden. Man kann solche Sender verpflanzen und ihre Wirkung an anderen Orten beobachten oder Sender an ihrem natürlichen Ort mit gentechnischen Mitteln zur verstärkten Aktivität anregen oder sie stilllegen.

---

nach dem Nobelpreisträger Hans Spemann aus Freiburg i. Br. Der Organisator sendet ein ganzes Bündel verschiedener Signalsubstanzen aus. Aus Müller und Hassel 2012, vereinfacht.

Durch die Analyse solcher Interaktionen gewinnt man Daten, die man einsetzen kann, um in Computermodellen die Entstehung und Untergliederung eines Armfeldes in seine Unterfelder, die Aufgliederung des vorderen Handfeldes in Fingeranlagen zu simulieren (Zhang et al. 2013).

Gewiss lässt sich noch nicht die gesamte dreidimensionale Gestaltbildung simulieren, aber die heutigen molekularbiologisch und biochemisch ausgebildeten, mit Informatikern und Mathematikern kooperierenden Biologen denken nicht an geheimnisvolle imaginäre Felder, die sich grundsätzlich einer naturwissenschaftlichen Forschung und Erklärung entziehen.

10.1.2 Gene und Gestaltbildung in morphogenetischen Feldern

In Hinblick auf die Aussagen des abtrünnigen Biologen über morphogenetische Felder nach seinem eigenen Verständnis (Sheldrake 1983, 2010, 2012) sind einige Worte über die Rolle von Genen für das Auftauchen und die weitere Entwicklung morphogenetischer Felder in der Embryonalentwicklung angebracht. Es ist im Auge zu behalten, was Gene sind. Klassische Gene, von denen jede der 100 Billionen (1 Billion = 1000 Mrd.) Zellen des menschlichen Körpers etwa 20 000 hat, sind die Bauanleitungen, welche die spezifische Struktur von Proteinen festlegen. Proteine mit exakt definierter Struktur werden als Bauelemente und Funktionsträger gebraucht: Enzyme, Hormone, Antikörper sind allseits bekannte Beispiele. Proteine müssen in jeder Generation getreu reproduziert werden;

eben dies garantieren die (klassischen) Gene. Andere Gene liefern die Information für regulatorische Hilfsmoleküle, welche die Herstellung von Proteinen ermöglichen, starten oder beenden.

Insoweit, als morphogenetische Felder von Signalsystemen aufgebaut, unterteilt und weiter zur Herstellung von komplexen Strukturen befähigt werden, sind diese Felder auch von Genen abhängig. Gene werden benötigt, um Signalsubstanzen und Rezeptoren für Signalsubstanzen herzustellen; Gene, genauer die von Genen codierten Proteine, sind beteiligt an den Mechanismen, über welche die Signale von Zelle zu Zelle weitergeleitet werden. Gene sind beteiligt an der Reaktion der Zellen als Antwort auf Signalsubstanzen in den Zellen. Die Antwort kann darin bestehen, dass die eine Zelle zu einer Knorpel- oder Knochenzelle wird, eine andere zu einer Muskelzelle. Das sich selbst organisierende Netzwerk der Signalsysteme erzeugt geordnete Muster verschiedener Zellen, die durch ihr kollektives Verhalten die Gestalt beispielsweise einer Hand hervorbringen. Mathematiker und Informatiker entwerfen Programme für Computer, die solche Netzwerke von Interaktionen und die darauf aufbauenden Gestaltbildungsprozesse simulieren und damit verständlich zu machen versuchen (z. B. Meinhardt 1982, 2008; Zhang et al. 2013). Der Esoteriker ersetzt Gene jedoch durch ein imaginäres morphogenetisches oder morphisches Feld seiner Denkart.

10.2 Vom morphogenetischen zum universalen „morphischen Feld"

Sheldrake hat den Begriff des morphogenetischen Feldes zum universal verwendbaren Wort „morphisches Feld" abgewandelt. Beispiele (Sheldrake 1983, 2011a, S. 354 ff., 2011b, S. 339 ff., 2012, S. 137–138):
Morphische Felder

* bestimmen die Struktur von Kristallen,
* steuern die Entwicklung eines Lebewesens,
* ermöglichen Vererbung; „Alle Organismen können am kollektiven Gedächtnis ihrer jeweiligen Art teilhaben",
* ermöglichen als Wahrnehmungsfelder Erfahrung zu sammeln und für das Verhalten nutzbar zu machen,
* ermöglichen die synchronen Manöver von Schwärmen,
* leiten Brieftauben zu ihrem Schlag zurück und dirigieren Zugvögel an ihre Zielorte,
* ermöglichen instinktives und soziales Verhalten von Insektenstaaten, Familien und Clans von Tieren,
* vermitteln die Beziehungen von Mutter und Kind und von (Ehe-)Partnern,
* ermöglichen die Erweiterung unserer Empfindungen und unseres Geistes über unser Gehirn hinaus,
* ermöglichen den „Siebten Sinn" mit Telepathie, Telekinese und Vorahnungen,
* ermöglichen die Kontaktaufnahme zu Verstorbenen im Jenseits,
* ermöglichen als mentale Felder Lernen und Gedächtnis, auch über die Grenzen eines Individuums hinweg, ermöglichen somit ein gemeinsames Gedächtnis der

Menschheit und aller Lebewesen, gegenwärtigen und vergangenen, durch „morphische Resonanz".

Morphische Felder entstehen durch morphische Resonanz mit allen früheren Systemen einer ähnlichen Art. Sie enthalten folglich kumulatives kollektives Gedächtnis (Sheldrake 2012, S. 138).
Vererbung ist das gemeinsame Werk von Genen und der morphischen Resonanz (Sheldrake 2012, S. 234).
Was indes in Resonanz verfällt und weshalb wird nicht erklärt, doch sei sie keine materielle Vererbung (Sheldrake 2012, S. 237), sie sei jedoch physikalischer Natur (Sheldrake 2012, S. 244) und stehe mit „den elektromagnetischen Quantenfeldern in Wechselwirkung" (Sheldrake 2012, S. 137). „Vielleicht wird Resonanz auch über das Quantenvakuumsfeld oder Nullpunktenergiefeld vermittelt" (Sheldrake 2012, S. 138).

* Und „sie [morphische Felder] ziehen Organismen durch [zeitlich] rückwärts wirkende Kausalität zu End- oder Zielpunkten hin" (Sheldrake 2012, S. 197). Evolution beruht auf einem „Zug aus der Zukunft" vergleichbar der Gravitation (Sheldrake 2012, S. 198, 200).
* Wie an anderen Stellen dieses Werkes gesagt wird, ist dieses kollektive Gedächtnis oder diese „Gewohnheit der Natur" das, was die gewöhnliche, „materialistisch-mechanistische" Naturwissenschaft Naturgesetze nennt. Morphische Felder ersetzen die Naturgesetze der Physik. „Die Natur funktioniert eher nach Gewohnheiten als nach Gesetzen" (Sheldrake 2012, S. 148).

⊛ Darüber hinaus sind morphische Felder Teil einer allgemeinen mentalen Welt, die alles Materielle und Geistige umfasst. Alles, auch Materie mit ihren Atomen und Molekülen, ist beseelt, hat Bewusstsein und sammelt Erfahrung (Sheldrake 2012, S. 149 ff.). Die Natur hat Absicht und verfolgt Ziele (Sheldrake 2012, S. 206–208).

Der Begriff „morphisches Feld" wird von mancherlei Vertretern alternativer Heilverfahren aufgegriffen; Namen zu nennen, ist hier nicht angebracht; die bietet das Internet an.

Als Biologe greife ich zur Ergänzung des in den vorigen Kapiteln Gesagten nur noch drei Themenbereiche heraus.

10.3 Sozialverhalten, Intelligenz, Begabungen und Neigung zur Spiritualität: von Genen, Kultur oder morphischen Feldern gesteuert?

10.3.1 Instinkte und Intelligenz: Werden sie von morphischen Verhaltensfeldern geprägt?

„Instinkte beruhen auf den gewohnheitsmäßigen Verhaltensfeldern der Spezies, die die Tätigkeit des Nervensystems prägen – sie werden von Genen beeinflusst und auch durch morphische Resonanz vererbt. Durch morphische Resonanz können sich neu erlernte Verhaltensmuster einer Spezies verbreiten" (Sheldrake 2011a, S. 372). Das von allen Mitgliedern einer Tierart ausgeübte Verhalten präge das Nervensystem des sich entwickelnden Nachwuchses durch ein gemeinsames morphisches Feld, das die Gehirne gegenwärtig lebender Tiere wie auch von Tieren, die in früheren Zeiten lebten, verbinde und über beliebige Entfernungen und Zeiträume hinweg wirksam sei und bleibe. So sei dies auch beim Menschen und erkläre beispielsweise, weshalb Kinder so leicht Sprache erlernten (Sheldrake 2011a, S. 368) und weshalb der in standardisierten Verfahren gemessene Intelligenzquotient im Laufe der letzten Jahrzehnte zugenommen habe (Sheldrake 2011a, S. 370). Geistestätigkeiten anderer Menschen wirken über das uns verbindende morphische Feld auf das Aktivitätsmuster unserer Nervenzellen ein. Umgekehrt wirke das von uns ausgehende Verhaltensfeld direkt auf die Aktivität des Gehirns anderer Menschen. Der Umweg über unsere Sinne sei nicht immer erforderlich, daher gebe es auch Telepathie.

10.3.2   Oder sind es die Gene? Gibt es gar Gene für übersinnliche Begabungen?

Konträr zu der eben skizzierten Auffassung steht die von Vertretern der extremen Gegenposition verbreitete Auffassung, Instinkte, Verhaltensprogramme und Begabungen seien weitgehend, wenn nicht vollständig von den Genen bestimmt. In Artikeln von Zeitschriften vielerlei Art, die sich an ein breites Publikum wenden, kann man oft lesen, es gäbe anscheinend Gene für komplexe Verhaltensweisen, Begabungen und Neigungen, beispielsweise Gene für mathematische Begabung, für die Entwicklung grammatikalischer Strukturen beim Spracherwerb, für übersinnliche Erlebnisfähigkeit, die Neigung zu spirituellen

Lebenseinstellungen, zu Religiosität, Frömmigkeit und mystischen Erlebnissen. Sogar der Glaube an Übernatürliches und an Gott beruhe auch auf einer genetischen Anlage (Prädisposition). Es wurde gar ein bestimmtes Gen, das VMAT2-Gen, als *god gene*, Gottes Gen, bezeichnet (Hamer 2005).

Solche Äußerungen sind extreme Verkürzungen der Kausalzusammenhänge, Verkürzungen, die an Unfug grenzen. Gene programmieren, es sei dies nochmals betont, die Struktur von Proteinen, die man (auch) zur Entwicklung von Nervenzellen benötigt. Sie programmieren Proteine, die Nervenzellen für ihre lebenslange Funktion benötigen wie Ionenkanäle; diese werden gebraucht, um Botschaften in elektrischen Aktivitäten zu codieren und mittels elektrischer Signale weiterzuleiten. Gene enthalten die Bauleitung all der Proteine, die es dem Nervensystem ermöglichen, auf solche Signale in vielfältiger Weise zu reagieren. Gene ermöglichen die Einrichtung unzähliger Signalsysteme zwischen den Zellen: Diese Signalsysteme ermöglichen es wiederum, geordnete vielzellige Strukturen aufzubauen, wie beispielsweise die mehrschichtigen Sehfelder in der Hinterhauptsregion unseres Großhirns, und sie ermöglichen es, Milliarden von funktionellen Verbindungen (Synapsen) zwischen Milliarden von Zellen herzustellen und funktionell zu kontrollieren. Soll nun in der Evolution eine bestimmte Verhaltensweise, die sich bewährt, festgefügt werden, müssen die genetisch gesteuerten Prozesse so stabilisiert sein, dass solche Verbindungen in jeder Embryonalentwicklung reproduziert werden. Es etablieren sich feste Verhaltensmuster, man nennt sie üblicherweise, je nach Sinnzusammenhang, Instinkte oder Begabungen.

Begabungen müssen jedoch gefördert werden. Was jemand kann, wird zu einem größeren Teil davon bestimmt, was dem Kind zum Lernen angeboten wird und was es seinerseits aufgreift. Mathematische Kenntnisse werden nicht von Genen vermittelt, sondern durch die Beschäftigung mit Mathematik. Alle unsere Fertigkeiten sind zum größten Teil erlernt und eingeübt und somit Produkte unserer Kultur. Werden sie durch morphische Felder der Nachbarn vermittelt? Falls ja, beste Aussichten, in der Mathearbeit von den Kenntnissen des Nachbarn zu profitieren, ohne dass der aufsichtführende Lehrer eingreifen kann!

10.4 Aufopferung für den anderen: Macht der Gene, der Instinkte oder eines morphischen Sozialfeldes?

In den letzten Jahrzehnten hat sich in der Biologie, besonders ausgeprägt in der Verhaltensforschung (Ethologie, Soziobiologie), die Auffassung verbreitet und verfestigt, nicht nur die Fortpflanzung eines Lebewesens sei auf die Erhaltung und Weitergabe seiner Gene ausgerichtet, vielmehr stünden die ganzen Lebensäußerungen, auch die Funktionen seiner körperlichen Existenz (Physiologie) einschließlich der Funktionen seiner Sinne und seine Verhaltensprogramme nicht nur im Dienst des eigenen Überlebens, vielmehr sei das ganze Leben eines Individuums letztendlich auf die Erhaltung und Weitergabe seiner Gene an nachfolgende

Generationen ausgerichtet. Es werden viele Argumente für diese Auffassung vorgetragen, besonders scharf zugespitzt und provozierend im Bestseller *Das egoistische Gen* (Dawkins 1994). Einem solchen provozierenden und missverständlich titulierten Buch – Gene sind Moleküle und nicht in der Lage, egoistische Gefühle zu hegen oder egoistisches Verhalten direkt zu programmieren – mussten Bücher und Aufsätze folgen, welche Kooperationsbereitschaft und altruistisches (selbstloses) Verhalten dem „Egoismus" der Gene und seiner Träger entgegenstellten (z. B. Axelrod 2006). Schließlich hatte bereits Darwin in seinem dritten Hauptwerk *The Descent of Man* (Die Abkunft des Menschen, Darwin 1871) Kooperationsbereitschaft zwischen Menschen als wichtiges Selektionsmoment für die Evolution der Menschheit betont. In diesem Werk erscheint das Wort *competition* (Konkurrenz) zwölfmal, die Begriffe *cooperation* oder *mutual aid* (gegenseitige Hilfe) erscheinen 27-mal.

Ein Beispiel „*It must not be forgotten that although a high standard of morality gives but slight or no advantage to each individual man and his children over other men of the tribe, yet that an increase in the number of well-endowed men and an advancement in the standard of morality will certainly give an immense advantage to one tribe over another. A tribe including many members who, from possessing in a high degree the spirit of patriotism, fidelity, obedience, courage, and sympathy, were always ready to aid one another, and to sacrifice themselves for the common good, would be victorious over most other tribes; and this would be natural selection.*" (Darwin 1871).

Auf Deutsch: „Es darf nicht vergessen werden, dass, obzwar ein hoher moralischer Standard nur geringen oder gar keinen Vorteil für den einzelnen Menschen und seinen Kindern gegenüber Menschen einer anderen Sippe bringt, doch ein Anstieg in der Zahl begabter (wohlausgestatteter) Menschen und ein Fortschritt im moralischen Standard gewiss einer Sippe einen immensen Vorteil gegenüber anderen verleihen wird. Eine Sippe, die viele Mitglieder hat, die sich durch den Besitz eines hohen Grades an Patriotismus, Redlichkeit, Gehorsam, Mut und Mitgefühl auszeichnen und daher immer bereit sind, einander zu helfen und sich für das gemeinsame Gut zu opfern, wäre über die meisten anderen Sippen siegreich, und das wäre natürliche Selektion." Man spricht in der Evolutionsbiologie von *kin selection*, Verwandten- oder Sippenselektion.

Selbstloses Verhalten heißt in der Fachsprache der Verhaltensforscher und Soziologen Altruismus, eine aufopferungsvolle Tätigkeit ist altruistisch. Einige Diskussion hat es gegeben, auf wen sich Kooperationsbereitschaft und altruistisches Verhalten beziehen darf, wenn doch der dominierende Lebenszweck die Weitergabe der eigenen Gene sein sollte. Unterstützung und Bevorzugung der Verwandten ist die in der Verhaltensbiologie vorgetragene Lösung. Sowohl bei Tieren wie beim Menschen ist das Ausmaß selbstlosen Verhaltens mit dem Verwandtschaftsgrad korreliert. Je enger Tiere und Menschen miteinander verwandt sind, desto mehr Genvarianten haben sie gemeinsam. Wenn also beispielsweise in einer Kolonie von Murmeltieren unverheiratete Tanten ihren Schwestern helfen, den Winter zu überstehen und die Jungen großzuziehen, befördern sie indirekt die Weitergabe wenigstens eines Teils ihrer eigenen Genvarianten. Viele Arbeiterinnen in Insektenvölkern (Ameisen, Bienen und Wespen) verzichten gar auf eigene Nachkommen und opfern für die Verteidigung des Volkes sogar ihr Leben. In diesen Fällen ist wegen der besonderen Genetik (Haploidie der Männchen) gesichert, dass die Königin und die Arbeiterinnen immerhin 75 % der Gene gemeinsam haben, und ohne den Arbeitseifer ihrer geschwisterlichen Arbeiterinnen wäre die Königin verloren. Freilich können in einem Bienenstaat Arbeiterinnen auch einer neuen Königin behilflich sein, die im Hochzeitsflug von fremden Drohnen Samen einsammelt. Instinktives Verhalten ist nicht in jedem Fall ausschließlich und zwingend der Weitergabe eigener Gene untergeordnet.

Auch in menschlichen Gemeinschaften ist Unterstützen von Verwandten, besonders von nahen Verwandten, allgemein üblich, unabhängig von den jeweiligen kulturellen und religiösen Traditionen. Sippen halten zusammen.

Es gibt jedoch auch selbstloses Verhalten, das nicht in dieses Erklärungsschema passt. Am klarsten ist die Diskrepanz, wenn selbstloses Verhalten zwischen verschiedenen Arten, so zwischen Mensch und Tieren, zu beobachten ist: „Der Altruismus zwischen Haustieren und Menschen lässt sich nicht so leicht durch egoistische Gene erklären. Ein Mensch, der einem kranken Haustier hilft, sich um es kümmert und einen Tierarzt bezahlt, verhält sich altruistisch, aber nicht aufgrund von egoistischen Genen, die Haustier und Mensch miteinander gemeinsam haben. Und genauso wie Menschen Haustieren helfen, helfen auch Haustiere Menschen, nicht zuletzt durch ihre emotionale Verbundenheit" (Sheldrake 2011a, S. 118).

Lässt sich solches Verhalten im Rahmen der traditionellen Biologie erklären, auch wenn man gelten lässt, dass erfolgreiche Weitergabe seiner Gene eine elementare Basis für den Fortbestand des Lebens ist? Es sei hier versucht:

Gene bestimmen nun mal kein Verhalten in direkter Weise, auch wenn vererbbare Komponenten instinktiven Verhaltens eine solch verkürzte Auslegung genetischer Regeln und Mechanismen nahelegen mögen. In Kap. 10.3.2 versuchte ich darzulegen, wie Gene in sehr indirekter Weise Verhaltensweisen beeinflussen können. Gene ermöglichen die Einrichtung unzähliger Signalsysteme zwischen den Zellen, die benötigt werden, Nervenzellen in komplexen räumlichen Mustern zu gruppieren und Milliarden von Verbindungen (Synapsen) zwischen Milliarden von Zellen herzustellen und funktionell zu kontrollieren. Soll nun in der Evolution eine bestimmte Verhaltensweise festgefügt werden, müssen die genetischen Prozesse so stabilisiert sein, dass solche Verbindungen in jeder Embryonalentwicklung reproduziert werden. Es etablieren sich feste Verhaltensmuster, man nennt sie üblicherweise Instinkte.

Instinktives Verhalten muss aber im Regelfall durch externe Reize ausgelöst werden. Bekannt und wirkungsmächtig ist das Kindchenschema (Abb. 10.3), das von Konrad Lorenz populär gemacht worden ist: Ein rundlicher Kopf, zur Größe des Kopfes vergleichsweise übergroße Augen, weiche Haut oder ein weiches Fell bringen uns schier unvermeidlich dazu, nicht nur Menschenkinder niedlich zu finden, sondern auch Welpen, süße Kätzchen, Küken in wolligen Daunenfedern und so manches „süße" Jungtier mehr. Man nimmt sie instinktiv in seine Obhut, auch wenn dies, anders als bei unseren eigenen Babys, nicht der Weitergabe unserer individuellen Gene dienlich ist. Auch

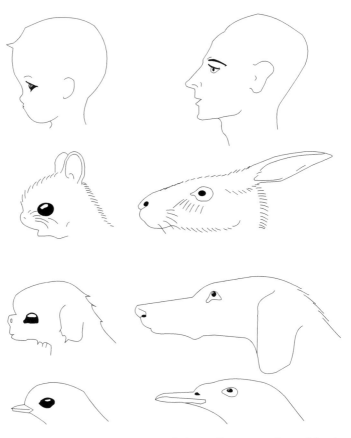

Abb. 10.3   Kindchenschema, nach Konrad Lorenz, nachgezeichnet. (© erloschen)

später im Leben sind es Gesichtszüge, Gesten und Laute und nicht Gene, die uns signalisieren, dass es unseren Angehörigen nicht gut geht und sie unsere Hilfe benötigen. Während bei Mäusen, Rehen und vielen weiteren Säugetieren der Familien- und Individualgeruch Zuwendung auf den eigenen Nachwuchs konzentriert, sind beim Menschen die optischen Auslösesignale nicht so präzise vorgeprägt, dass sie eng auf den eigenen Nachwuchs abgestimmt wären. Sie sind nicht so eng abgestimmt, weil bei sexueller Fortpflanzung unvorhersehbar ist, wie die individuellen Züge des Nachwuchses sein werden.

Offenbar gilt dies auch für Hunde. Auch sie lassen sich durch unsere Körpersprache motivieren, uns beizustehen. Wenn dann Lerneffekte durch gute Erfahrungen belohnt werden, ist es kein so großes Wunder, dass sie eine emotionale Beziehung zu uns aufbauen. Instinkte und Lerneffekte genügen, um einen Erklärungsrahmen zu finden. Geheimnisvolle, imaginäre morphische Felder bringen keine zusätzlichen und schon gar keine notwendigen Erklärungsargumente.

11

Der „Siebte Sinn" und die anscheinend den Körper verlassende Seele: verblüffende Erkenntnisse der heutigen Gehirnforschung

11.1 „Gedankenlesen" mittels Technik und der durch bloße Gedanken gesteuerte Roboterarm

Wer regelmäßig fernsieht und sich nicht scheut, auch Wissenschaftsmagazine zu verfolgen, hat Szenen dieser Art schon mehrmals gesehen: Eine Person ohne Arme steuert mit ihren Gedanken den Arm und die Hand eines Roboters, der ihr den gewünschten Trinkbecher reicht. Auch gedruckte Wissenschaftsmagazine berichten von solchen beeindruckenden Erfolgen von Wissenschaftlern und Technikern (Der Traum vom Gedankenlesen, Gehirn&Geist 6/2011).

Auf dem Kopf der Versuchsperson erfasst eine Gerätschaft das vom Scheitel des Kopfes ableitbare EEG, das Elektroenzephalogramm (Abb. 11.1). Das sind wellenförmige, auf den ersten Blick sehr unregelmäßig erscheinende

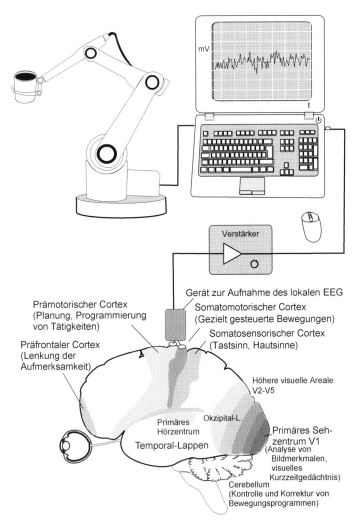

Abb. 11.1 Zentren im Gehirn und Ableitung des lokalen EEGs im Scheitelbereich über den Gehirnregionen, die mit der Programmierung von Bewegungen befasst sind. Die Komponenten

Schwankungen der summarischen elektrischen Aktivitäten, gemessen in Mikrovolt (= millionstel Volt) elektrischer Spannung, laienhaft Hirnstromkurven genannt.

Das EEG ist Ausdruck der elektrischen Aktivität von Milliarden von Nervenzellen so, wie das EKG, das Elektrokardiogramm, Ausdruck der elektrischen Aktivität der Millionen Fasern des Herzmuskels ist. Diese Aktivitäten summieren sich auf und erzeugen elektrische Wechselfelder, welche sich durch das elektrisch leitende Körperinnere bis zur Körperoberfläche ausbreiten. Während das EKG ein einfaches, wenig variables Muster darstellt, zeigt das EEG sehr komplexe, variable Wellenmuster.

Durch erweiterte Scans des von verschiedenen Regionen des Gehirns ausstrahlenden EEGs und mit der besser auflösenden, doch langsameren Methode der funktionellen Magnetresonanztomografie (fMRT), welche die Sauerstoffaufnahme in kleinen Gehirnvolumina, Voxel genannt, misst, fahnden Wissenschaftler nach neuronalen Korrelaten von Sinneseindrücken, Erinnerungen, inneren Bildern und Handlungsabsichten, versuchsweise Telepathie per Computer sozusagen, doch anders als telepathische Gedankenübertragung der Esoterik, nicht vermittelt durch übersinnliche Kräfte, sondern durch biophysikalische Erscheinungen. Allerdings umfasst ein Voxel (= 1 mm^3), die kleinste Einheit in hochauflösenden Verfahren zur Darstellung von Gehirnaktivitäten auf der Basis der Sauerstoffaufnahme, ca. 40 000 Neurone (= Nervenzellen) und um eine brauchba-

des EGG, die mit der Steuerung der Arm- und Handbewegungen zu tun haben, werden mittels des Computers aus dem EEG herausgefiltert und in Steuerbefehle für den Roboterarm umcodiert. Weitere Erklärung im Haupttext. Neue Zeichnung (WM)

re Darstellung zu erhalten, muss das Aktivitätsmuster von 500 bis 1000 Voxel dargestellt werden, also ein Durchschnittswert von 20 bis 40 Mio. Neuronen. Diese sind mit ca. 800 Mio. mal Milliarden Kontakten miteinander verbunden. Wirkliches Gedankenlesen mit technischen Gerätschaften ist nicht möglich.

Immerhin gelingt es derzeit, aus dem EEG jene Komponenten herauszufiltern, welche der beabsichtigten Bewegung eines Arms vorausgehen. Diese werden über ein *Brain-Computer-Interface*, einem Gehirn-Computer-Zwischengerät, dem Computer zugeleitet. Dieser analysiert die komplexen Muster der Hirnstromkurven und filtert jene Komponenten heraus, die vom somatomotorischen und prämotorischen Kortex des Gehirns (Abb. 11.1) Millisekunden (= Tausendstel Sekunden) vor der beabsichtigten Bewegung des Arms ausgehen und mit den beabsichtigten Bewegungen des Arms und der Hände in Beziehung stehen. Der Computer hatte dies zuvor lernen müssen. Monatelange Arbeit der Physiker, Informatiker und Ingenieure ist den Versuchen vorausgegangen und auch langes Training der Versuchsperson, die einen Cursor auf dem Bildschirm des Computers steuern sollte, ohne einen Mucks von sich zu geben oder den Kopf zu bewegen. Der Computer erzeugt dann in seiner eigenen Sprache Befehle für den Roboterarm.

11.2 Wahrnehmung des Ichs in einem virtuellen Körper

In einer Reihe von Illusionsexperimenten wurde das im Kap. 2 geschilderte Experiment mit dem vermeintlich eigenen Gummiarm auf den ganzen Körper ausgedehnt. Wir haben im Kap. 2 von den verblüffenden Experimenten des Pioniers solcher Forschungen Henrik Ehrsson gehört. Weitere Experimente dieser Art sind von einer Schweizer Arbeitsgruppe unter Leitung von Prof. Olaf Blanke an der Polytechnischen Hochschule in Lausanne gemacht worden (Lenggenhager et al. 2007; Blanke 2012). Die Teilnehmer der Experimente setzten eine Videobrille auf, die ein räumliches Sehen von Bildern und Szenen ermöglichte. Diese Bilder nahm eine hinter der Versuchsperson befindliche Videokamera auf (Abb. 11.2). Diese Kamera gaukelte der Versuchsperson im vermeintlichen Abstand von 2 m den Rücken ihres eigenen Körpers vor oder zeigte ihren Körper in einer anderen, ungewohnten und daher befremdlichen Perspektive, beispielsweise in horizontaler Position (Abb. 11.1b). Währenddessen wurde der Rücken der Versuchsperson gestreichelt, was sie im virtuellen Bild ihres Körpers sehen konnte, entsprechend dem in Kap. 2 beschriebenen Experiment mit dem Gummiarm. Die Mehrzahl der Teilnehmer nahm den durch ihre Brille bloß vorgespielten, virtuellen Körper wahr, als sei es wirklich ihr eigener Körper, und empfand auch dort, 2 m vor ihrem wahren Körper, die ihrem wahren Rücken gewährte Streicheleinheit. Ihr Ich war aus ihrem wirklichen Körper ausgetreten und in den virtuellen Körper 2 m davor geschlüpft; sie glaubten entsprechend, sie seien einige Schritte nach vorne gerückt. Auch die in waagrechter Position projizierte Rückenpartie oder eine seitwärts von der Versuchsperson stehende, aber vor die Augen der Versuchsperson projizierte Schaufensterpuppe konnte zum Empfänger des Ichs werden. Die illusorische Selbstwahrnehmung war scheinbar aus dem eigenen Körper ausgetreten, so wie sich das mit unseren unbewaffneten Augen Gesehene in unserer Wahr-

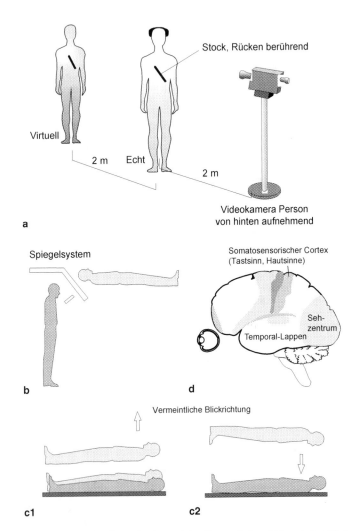

Stock, Rücken berührend

Virtuell

2 m   Echt

2 m

Videokamera Person
von hinten aufnehmend

a

Spiegelsystem

Somatosensorischer Cortex
(Tastsinn, Hautsinne)

Seh-
zentrum

Temporal-Lappen

b   d

Vermeintliche Blickrichtung

c1   c2

Abb. 11.2 Versuche mit dem virtuell gezeigten Körper zur Ver-
lagerung des Ichs. **a** Eine Person wird im Kameraabstand von 2 m
von hinten gefilmt. Sie trägt eine Videobrille, über die sie ihren
eigenen Rücken als virtuelles Bild im Abstand von 2 m vor sich

nehmung außerhalb unseres Körpers befindet. Oft sagten Versuchspersonen auch, sie fühlten sich gleichzeitig sowohl im echten als auch im virtuellen Körper anwesend. Das damit verbundene, tiefgreifende Problem hatten wir in Kap. 2 diskutiert und diskutieren es weiter im folgenden Schlusskapitel 12.

11.3 Widerstreitende Sinneseindrücke können das Gefühl einer geisterhaften Präsenz erzeugen

Auf seinem Abstieg vom Nanga Parbat, einem der zehn höchsten Berge der Welt, mit seinem Bruder spürte Reinhold Messner einen dritten, gemeinsam mit ihnen abstei-

---

sieht. Mehrfach wird ihr Rücken berührt, was sie auf ihrem wahren Rücken spürt und zeitgleich auf ihrem virtuellen Bild sieht. Die Person glaubt, 2 m nach vorn gerückt zu sein, wo sie auch die Berührung empfindet. Ihr Ich ist in das virtuelle Bild vorgerückt. b Über ein Spiegelsystem sieht und fühlt die Person sich in horizontaler Position. c1 Im Verlauf einer im Wachzustand durchgeführten Operation an Personen, in deren Gehirn ein Epilepsieherd gesucht wurde, wurden bestimmte, exakt kartierte Positionen des Gehirns elektrisch gereizt. Dabei erlebten die Personen mitunter seltsame Erscheinungen. Nach Reizung einer bestimmten Position im linken Schläfenlappen fühlte die Versuchsperson sich selbst neben ihrem Körper liegend oder über ihrem Körper schwebend. c2 Nach Reizung des rechten Schläfenlappens schwebte die Person über ihrem Körper und schaute auf ihn herab. Welches Gesicht sie sah, wird nicht beschrieben. (Nach Arzy et al. 2006; Aspell et al. 2012; Blanke 2012; Faivre et al. 2015; Heydrich und Blanke 2013; Lenggenhager et al. 2007; Pfeiffer et al. 2014)

genden Bergsteiger. Er spürte ihn eine gleichbleibende Distanz von ein paar Schritten rechts neben sich, doch war er außerhalb seines Gesichtsfeldes. Messner konnte folglich die Gestalt nicht sehen, aber er war sich sicher, dass jemand da sei; er spürte seine Anwesenheit. Ein solches Gefühl, es sei jemand da, auch wenn in Wirklichkeit gar niemand in der Nähe ist, ist Psychologen bekannt; denn es ist eine Erfahrung, die vielfach aus aller Welt seit langen Zeiten berichtet worden ist. Olaf Blanke leitet mit diesen Ausführungen eine neue Untersuchung seines Teams ein (Blanke et al. 2014). In einer weiteren Variante der im vorigen Abschnitt geschilderten Versuche sahen die Teilnehmer ebenso wie in den vorigen Versuchen über ihre Videobrille ihren eigenen Rücken vor sich. In Erweiterung der vorigen Versuche bedienten sie jetzt mit einem Joystick einen Roboterarm, um damit ihren in der Brille gesehenen virtuellen Körper zu berühren. Die Befehle hierzu wurden auf einen zweiten, hinter ihnen stehenden Roboterarm übertragen und dieser streichelte ihren wahren Rücken. Solange die gesehene und die gefühlte Berührung synchron waren, glaubten die Teilnehmer, wie zuvor geschildert, sie stünden vor ihrem realen Körper am Platz des virtuellen Körpers; der virtuell gesehene und der berührte Körper seien identisch. Wenn nun aber der zweite Roboter seine Streicheleinheiten mit einer Zeitverzögerung von 500 ms erteilte, das virtuell Gesehene also zeitlich nicht mit dem durch den Tastsinn Erfahrene übereinstimmte, traten seltsame Phänomene auf: Die Teilnehmer glaubten, sie stünden jetzt nicht mehr vor, sondern hinter ihrem realen Körper, darüber hinaus sagten 30 % der Teilnehmer, sie hätten das Gefühl, jemand Fremdes stünde hinter ihnen und würde sie berühren.

Im selben Artikel (Blanke et al. 2014) wird auch von neurologischen Erkrankungen (Epilepsie, Schlaganfall, Schizophrenie) berichtet, bei denen der Eindruck, es sei eine fremde Gestalt, ein „Geist" oder – in der Sprache der Esoterik – ein „Agent" in der Nähe, spontan auftrat.

11.4 Künstlich ausgelöste Nahtoderfahrungen und die anscheinend den Körper verlassende, auf „Astralwanderungen" gehende Seele

Seit Jahrhunderten berichten viele Menschen, die dem Tod nahe waren, aber schließlich doch überlebten, von seltsamen Nahtoderfahrungen, die von einer übernatürlichen, jenseitigen Welt zu künden scheinen. Man durchschreitet, begleitet von Glücksgefühlen, einen Tunnel und sieht heller und heller werdendes Licht am fernen Horizont.

Diese Lichterscheinungen werden von manchen Forschern in Beziehung gebracht zu Lichterscheinungen, wie sie auch im gestörten Schlaf auftreten können, vom Patienten jedoch in die Außenwelt projiziert werden (Bokkon et al. 2013). In aufregenden Szenen verlässt der eigene Leib als immaterielle Erscheinung den materiellen Körper (*out-of-body experience* = außerkörperliche Erfahrung), schwebt empor und man sieht auf den reellen Körper herab (Abb. 11.3). Man schwebt und gleitet schwerelos dahin, kann selbst die Zimmerdecke und Mauern durchdringen und eine Himmelfahrt ins Jenseits starten. In der Anthro-

Abb. 11.3 Seele, dem Körper entschwebend. Stich von William Blake (1757–1827) in *Illustrations to the Grave*. (© erloschen)

posophie und der Esoterik liest man von Astralreisen (astral von lateinisch *astralis* = sternartig, Gestirne betreffend).

Manchen Menschen erscheinen Verstorbene. Manche, besonders religiös gestimmte Patienten erleben das Gefühl, mit dem All oder dem Göttlichen eins zu werden, wie dies Mystiker beschreiben. Gewiss haben solche Erlebnisse den Glauben der Menschheit an eine vom Körper getrennte, beim Tode ins Jenseits schwebende Seele beeinflusst. Umgekehrt beeinflusst die kulturelle Prägung die Bilder und Gesänge, die gesehen und gehört werden.

Gibt es neurologisch begründete Erklärungen oder doch Erklärungsversuche für Phänomene dieser Art oder sind Erklärungen Religionen oder der Esoterik vorbehalten?

Nahtoderfahrungen ähneln Halluzinationen, Illusionen und Träumen, die als Realität wahrgenommen werden. Hin und wieder werden Erinnerungen an Erlebnisse aus früher Kindheit wach. Nahtoderfahrungen treten in lebensbedrohlichen Zuständen auf, beispielsweise bevor Patienten bewusstlos werden, bei vorübergehendem Herzstillstand und kurz vor epileptischen Anfällen. Ein epileptischer Anfall dürfte den Erscheinungen zugrunde liegen, die nach biblischer Überlieferung den jüdisch-römischen Soldaten Saulus zum christusbekennenden Apostel Paulus werden ließen - ein welthistorisches Ereignis; denn Paulus wurde zum Begründer und Verkünder des Christentums! Ähnliche Erscheinungen können auch durch intensive Meditation, Trance, Ekstase, Hypnose, Stress, starke Migräne oder Schlaganfall ausgelöst werden.

Oliver Sacks, Autor des bereits erwähnten Buches *Der Mann, der seine Frau mit einem Hut verwechselte* beschreibt Visionen (Halluzinationen), die den Handschriften der heiligen Hildegard von Bingen entnommen sind und die Lichterscheinungen mit Gesichtern, geometrischen Figuren und mit erhabenen Glücksgefühlen verbanden. Als erfahrener Neurologe schreibt Sacks das Auftauchen solcher Halluzinationen den Migräneattacken zu, an denen die Nonne gelitten habe. Hildegard selbst schreibt, ihr Latein ins Deutsche übersetzt: „Die Gesichte, die ich schaue, empfange ich nicht in traumhaften Zuständen, nicht im Schlafe oder in Geistesgestörtheit ..., sondern wachend, besonnen und mit klarem Geiste, mit den Augen und Ohren des inneren Menschen." (zitiert aus Sacks 2000)

Und der russische Dichter Fjodor Dostojewski, der an epileptischen Anfällen litt, schrieb: „Ihr gesunden Menschen könnt Euch nicht vorstellen, was für ein Glücksgefühl wir Epileptiker in der Sekunde vor dem Anfall empfinden … Ich weiß nicht, ob diese Seligkeit Sekunden, Stunden oder Monate dauert. Aber glauben Sie mir: Ich würde sie nicht gegen alle Freuden eintauschen, die das Leben bereithalten mag" (zitiert nach Sacks 2000).

All dies gibt Hinweis auf das Entstehen solcher Empfindungen und Erlebnisse in Regionen des Gehirns, die mit Sehen, Gedächtnisbildung und der Wahrnehmung des eigenen Körpers befasst sind (z. B. Nelson 2014; Paulson et al. 2014), aber auch auf die große Bedeutung jener Gehirnregionen, die eine zentrale Rolle bei der Erzeugung von Emotionen spielen, wie den Amygdalae. Im EEG lassen sich Spuren besonderer, ungewöhnlicher Gehirnaktivitäten herauslesen. Im EEG von Labortieren traten kurz vor ihrem Tod verstärkt sogenannte Gammahirnströme im Frequenzbereich zwischen 25 und 55 Hz auf.

Eine fantastisch erscheinende Vision eines gehirnerkrankten Patienten kann sein, dass er einen zweiten Körper sieht, sich mit beiden Körpern identifiziert und die Welt gleichzeitig von zwei verschieden Orten aus wahrnimmt (Heydrich und Blanke 2013).

Schließlich können Erscheinungen der aufgeführten Art auch durch transkranielle (über den Schädelknochen wirkende) Stimulation gewisser Gehirnbezirke, besonders der Schläfenregion, mittels magnetischer Wechselfelder ausgelöst werden. Solche transkraniellen Magnetstimulationen können Störungen von Gehirnfunktionen hervorrufen und sind daher nicht ohne Risiko; es können beispielsweise, wenn auch selten, in sonst gesunden Menschen epileptische Anfälle ausgelöst werden.

Verräterisch ist, dass solche Erscheinungen auch von einer Reihe von Drogen ausgelöst werden, insbesondere Drogen, die mittelamerikanische Indianer jene in ihren Steinplastiken dokumentierte skurrile Welt erleben ließen. Eine Drogenpflanze Mittelamerikas heißt *Salvia divinorum* = Salbei der Götter oder Aztekensalbei, von der die Droge Salvinorin A gewonnen wird. Andere Halluzinationen auslösende Drogen sind das Gift Meskalin aus einem Kaktus, das Pilzgift Psilocybin und das Haschisch der Cannabispflanze. In neuer Zeit kamen Produkte des Chemielabors wie LSD und Ketamin hinzu. All diese Drogeneffekte belegen, dass biochemische Prozesse im Gehirn betroffen und gestört sind. Dies belegen auch Befunde, wonach Verletzungen bestimmter Gehirnregionen ebenfalls Erlebnisse außerkörperlicher Erfahrung auslösen können.

Man fragt sich, beruht das alles auf bloßer Chemie und Physik?

12

Empfindung, Wahrnehmung, Wille, Geist: nichts als Physik und Chemie?

Eine naturphilosophische Nachbetrachtung

Leben zeigt Eigenschaften, die offenbar der leblosen Materie nicht zukommen. Seit den altgriechischen Gelehrten und Philosophen Platon und Aristoteles und vor ihnen in asiatischen Kulturen, welche bis heute den Glauben an „Seelenwanderung" pflegen, werden Lebewesen als beseelt betrachtet und es ist nach Aristoteles die Seele, die in der Embryonalentwicklung die Gestaltung (Morphogenese) des Lebewesens nach ihrer Vorstellung (*eidos*, Idee) lenkt. Die immaterielle Psyche (Seele, das Vermögen des Empfindens und Wollens, und Geist, das Vermögen zu denken) sei eine von der Materie getrennte Wesenheit, lenke jedoch unser Werden und Handeln, könne demnach beispielsweise auch als Wille die materiellen Muskeln aktivieren. Im Bemühen, die Annahme einer besonderen Lebenskraft (lateinisch *vis vitalis*) und gar von außernatürlichen steuernden Kräften in den Biowissenschaften abzuwehren, ist vor allem im 19. Jahrhundert oftmals die Auffassung vertreten worden, Geist und Seele seien bloß Ausdruck materiellen Geschehens und „nichts als Chemie und Physik". Auch heute vermitteln viele Bücher und Abhandlungen über das Gehirn diesen Eindruck. Es wird in dieser Weltsicht angenommen, die Summe von Chemie + Physik sei gleichzusetzen mit der Gesamtheit alles Natürlichen und entsprechend sei „chemisch-physikalisch" gleichzusetzen mit „natürlich". Und weiter wird angenommen oder doch der Eindruck vermittelt, früher oder später sei auch unsere Innenwelt mit den Methoden der Naturwissenschaften und Mathematik/Informatik vollständig erfassbar und erklärbar.

Diese Innenwelt wird im Englischen mit *mind* bezeichnet, in deutschen Übersetzungen wird das Adjektiv „mental" gebraucht (ein dem *mind* vollständig äquivalentes deutsches Substantiv gibt es nicht; am ehesten kommt ihm das Fremdwort „Psyche" gleich). *Mind* bedeutet: Verstand, Bewusstsein, Wahrnehmung, Empfindung, Gefühl und Wille. Gemeinsamer Nenner dieser besonders dem Menschen zukommenden Fähigkeiten: Sie sind nur subjektiv erfahrbar und im Tiefschlaf und Koma stillgelegt.

Was sind „Chemie + Physik"? Chemie und Physik treffen als Wissenschaften Aussagen über die reale, materielle Welt, sind jedoch nicht mit ihr identisch und ihre Aussagen betreffen Teilaspekte der Wirklichkeit, die mit Apparaten messtechnisch erfassbar sind und mit Ausdrücken wie „Masse", „Energie", „Welle" oder „Teilchen" symbolisiert werden. Über die Wirklichkeit mentaler Phänomene treffen sie keine Aussagen. „Liebe, Wut, Hunger" gehören nicht zum Vokabular der Physik und Chemie. Zwar liest man „Wärme", „Töne" oder „Farben", doch sind damit in der Physiologie, die sich mit den Funktionen des Körpers befasst, nicht die subjektiven Erlebnisse, sondern physikalische Erscheinungen, wie im Falle des Lichts elektromagnetische Schwingungen eines bestimmten Frequenzbereichs, gemeint. In der Physiologie sind damit im Besonderen Phänomene der Außenwelt gemeint, die als „Reize" brauchbare Information für die Wahrnehmung eines engen Ausschnittes der realen Welt liefern.

Hält man sich an das, was in Lehrbüchern, Abhandlungen und Originalarbeiten der Chemie und Physik geschrieben und im Unterricht gelehrt wird, wird man gewahr: Kein einziges Gesetz der Chemie und Physik und nicht einmal eine chemisch-physikalische Hypothese, nimmt Bezug auf unsere mentale Innenwelt. Kein Gesetz ist von der Psyche abgeleitet oder versucht, mentale Phänomene zu erklären. Dass einstmals alles Mentale mit den Methoden der Naturwissenschaften und Hilfsmitteln der Technik analysiert und erklärt werden könne, ist (gegenwärtig) bloßer Glaube.

Noch fehlt eine anerkannte Theorie, sei es eine physikalische oder eine psychologische oder philosophische, die erklären könnte, wie Mentales unter Bewahrung aller Vorgaben der physikalischen Gesetze möglich ist und geschieht. Physiologen und Neurologen können nur eine Reihe von Bedingungen nennen, die auch erfüllt sein müssen.

Was müsste eine solche Theorie leisten?

1. Die Theorie müsste erklären, wie Mentales überhaupt möglich ist, selbstverständlich unter Einbeziehung physikalischer Gesetzlichkeiten. Allerdings erwartet die neurobiologische Fachwelt Lösungsansätze nicht so sehr aus quantenphysikalischen Theorien, obzwar es solche Versuche gab und hin und wieder gibt, sondern eher auf höherer Ebene aus den Eigenschaften bestimmter neuro-

naler Netze. Aus ihnen ergäben sich, so vermutet man, Wahrnehmungen als emergente Phänomene.

„Die Emergenz (lat. *emergere* „Auftauchen", „Herauskommen", „Emporsteigen") ist die spontane Herausbildung von neuen Eigenschaften oder Strukturen eines Systems infolge des Zusammenspiels seiner Elemente. Dabei lassen sich die emergenten Eigenschaften des Systems nicht – oder jedenfalls nicht offensichtlich – auf Eigenschaften der Elemente zurückführen, die diese isoliert aufweisen" (Wikipedia, Zugriff am 14. Juli 2015). Einige einfache Beispiele: Aus den Gasen Wasserstoff und Sauerstoff entsteht Wasser, das bei Temperaturen unter 0 °C herrliche Kristalle bildet. Kochsalz, die Verbindung der chemischen Elemente Natrium und Chlor, hat ganz andere Eigenschaften als das metallische Element Natrium allein und das gasförmige, giftige Element Chlor allein. Oder: In einem Temperaturregelsystem ergibt sich die Fähigkeit, eine vorgegebene Temperatur konstant zu halten, erst aus der Kooperation aller Komponenten, die Information liefern, verarbeiten und auf sie reagieren. Ein einzelnes Neuron des Gehirns hat keine Gedanken, es bedarf des Zusammenwirkens von Milliarden von Neuronen mit Abermilliarden von Kontakten, um Gedanken hervorzubringen. Aber wie? Wie viele Neurone müssen in welcher Weise kooperieren?

2. Die Theorie muss erklären, warum Mentales nur in einem Teil des Nervensystems erscheint und nur relativ wenig Information ins Bewusstsein dringt. Man schätzt, dass die Menge an Information, die im Nervensystem unbewusst bearbeitet wird, um viele Größenordnungen höher ist als die Menge an Information, die erlebten

mentalen Phänomenen zugrunde liegt. Was also unterscheidet die mit Empfindung, Bewusstsein etc. befassten Gehirnregionen von anderen?

Eine erlebte Empfindung wird nicht direkt vom Reiz bestimmt. Physikalische Wärmezufuhr auf unsere Hand, die ins warme Wasser taucht, triggert in den Wärmerezeptoren unserer Haut das Losfeuern elektrischer Signale, die zum Gehirn geleitet werden. Dort tritt die Empfindung „Wärme" als eigenständiges mentales Phänomen auf. Ist man in Narkose, löst warmes Wasser kein Wärmegefühl aus. Andererseits tritt Wärmegefühl auch auf, wenn dieselben sensorischen Nervenfasern chemisch (z. B. mittels Capsaicin der Peperoni oder der Salbe) oder elektrisch gereizt werden und wenn magnetische Stimulation des Gehirns durch den Schädel der Versuchsperson oder stromleitende Elektroden direkt ein bestimmtes kleines Areal in der sensorischen Gehirnrinde aktivieren. Was unterscheidet dieses Areal von jenen im Hypothalamus, die Hunger und Durst, und diese wiederum von jenen in der Amygdala, die Wut und Angstgefühle generieren? Was unterscheidet dieses Wärmegefühl vermittelnde Areal von den umfangreichen Gebieten, die Information gänzlich unbewusst verarbeiten und nach heutigen Kenntnissen mit derselben Biochemie und denselben elektrischen Signalen operieren? Selbst wenn man Substanzen oder Muster elektrischer Potenziale fände, die arealspezifisch sind: Substanzen sind keine Empfindung und auch nicht elektrische Potenziale als solche.

3. Ganz besonders rätselhaft ist, wie eine Empfindung, ein mentales Konstrukt an den Ort der Reizquelle

projiziert wird. Es gibt keinen Informationsfluss von den zentralen Instanzen zurück in die Peripherie. Die von der Philosophie des erweiterten Geistes vorgetragene Vorstellung operiert, im Gegensatz zum Informationsbegriff der Naturwissenschaft und der Technik, nicht mit Information, die von einem physikalischen Träger ergriffen und mit diesem Träger den Geist aus dem Gehirn in die Umwelt transportieren könnte. Kein Bild verlässt das Auge, um sich in der Umwelt anzusiedeln, keine Information fliegt zur Ampel, um elektromagnetische Schwingungen in die gesehene Farbe „Grün" zu verwandeln, keine Phantomempfindung wird mit physikalischen Mitteln in die umgebende Luft hinaus befördert, um das Vorhandensein des amputierten Beines vorzugaukeln. Ein Bild, eine Empfindung, ein Gefühl ist und bleibt Erzeugnis des Gehirns, doch als solches gegenwärtig mit keiner chemischen Analyse und keiner elektrophysiologischen Gerätschaft messbar.

4. Schließlich müsste eine solche Theorie logisch zwingend entscheiden können, ob mentale Fähigkeiten wie Selbstbewusstsein, Empfindung und Gefühl grundsätzlich maschinell nachvollziehbar sind oder nicht. Werden es Informatiker und Techniker je schaffen, eine Maschine herzustellen, die Gefühle empfindet und Bewusstsein hat?

Eine essenzielle Erkenntnis aller bisherigen Forschung ist: Zwar werden immer mehr Korrelate zwischen den von außen zugänglichen und messbaren Vorgängen im Sinnes- und Nervensystem und mentalen Erlebnissen gefunden, die mentalen Erlebnisse als solche bleiben aber nur subjektiv erfahrbar. Man bleibe ehrlich und bescheiden: Momentan können die Neurowissenschaften zwar durchaus angeben, welche Gehirnregionen bei der Entstehung von gesehenen Bildern, gehörten Lauten und erlebten Gefühlen von essenzieller Bedeutung sind. Auch wird man mit physikalischen Geräten wie Computertomografen und mit weiterentwickelten biochemisch-molekularbiologischen Verfahren immer mehr über die Physiologie der bewusst und unbewusst operierenden Gehirnregionen herausfinden. Es bleiben aber prinzipielle Schranken der Erfahrungsmöglichkeit.

Ein Beispiel aus einer anderen Welt mag helfen, diese Aussage verstehbar zu machen: Zwar ist Kommunikation auf Medien wie Papier und Tinte angewiesen, aber aus der physikalischen oder chemischen Beschaffenheit von Tinte und Papier lässt sich nichts über den Inhalt der damit geschriebenen Texte ableiten.

Ob Physiologe, Neurologe, Psychologe, Philosoph oder der nicht mit Wissenschaft befasste Mensch: Wie man Verliebtheit empfindet, wie sich „Hänschen klein" anhört oder wie ein Kugelschreiber aussieht, kann jeder nur subjektiv erfahren. Würde der Schmerzforscher bei seinem Versuchsobjekt nicht bloß chemische Substanzen analysieren und elektrische Potenziale messen können, sondern das Gefühl des Schmerzes selbst wahrnehmen, er würde vermutlich manche Experimentalserie sogleich einstellen.

Und in vielen Diskussionen nicht beachtet: Auch der beobachtete Zeiger des Messinstruments, das vom Mikroskop oder Computertomografen gelieferte Bild, die auf die Tafel des Hörsaals gekritzelte chemische Formel, unser Versuch, Messdaten zu interpretieren, mathematische Formeln zu entwickeln oder nachzuvollziehen, sind Konstrukte und Konstruktionsversuche unserer mentalen Innenwelt – und nicht, wie der naive Glaube meint, die „objektive Außenwelt an sich". Zwar sind wir alle überzeugt, dass eine Außenwelt existiert und Information liefert, die von unseren Sinnen aufgenommen wird und unser Gehirn zur Konstruktion der bewusst erlebten Welt benutzt. Alle Daten durchlaufen aber unabdingbar die Konstruktionsprinzipien unseres Erkenntnisapparates (beispielsweise die Gestaltgesetze der Psychologie).

Diese Regeln zur Konstruktion der erlebten Wahrnehmungswelt aus den von der Außenwelt bezogenen Daten sind von der Evolution geprüfte und deswegen leidlich zuverlässige Übersetzungsregeln (vergleichbar den Übertragungsregeln zwischen gesprochener und geschriebener Sprache, zwischen gehörter und auf dem Notenblatt fixierter Musik) und unsere Messinstrumente erweitern den Empfangsbereich unserer Sinnesorgane; doch letzte Instanz, der wir vertrauen müssen, sind unsere mentalen Konstrukte. Auch in der momentan modischen Diskussion um die „Willensfreiheit" – psychologisch um die Prozesse der Abwägung – sollte nicht vergessen werden, dass letztlich alle vermeintlich „objektive" wissenschaftliche Erkenntnis Konstrukt unserer Innenwelt ist – nicht minder als unser Gefühl der freien Entscheidung.

Um Missverständnissen vorzubeugen sei betont: Hier wird nicht einer dualen Weltsicht – hier Materie, da Seele und Geist – das Wort geredet. Auch wenn man nicht wie die traditionelle duale Weltsicht „Seele" als vom „Leib" gelöst und unabhängig betrachtet, lehrt der Blick in unsere Innenwelt und in die Bücher der Naturwissenschaften und

Psychologie, dass keine Wissenschaft die gesamte natürliche Wirklichkeit erfassen kann. Es lohnt sich, seine Weltsicht zu erweitern und mit Respekt und Aufmerksamkeit zuzuhören, was Psychologen, Psychiater und Philosophen, die sich mit Erkenntnistheorie befassen, zu sagen haben. Und diesen sei angeraten zuzuhören, was Physiologen einschließlich der Neurologen zu sagen haben.

Das hier Diskutierte kann nur eine erste Anregung sein, sich mit dem Thema auseinanderzusetzen. Es ist hier nicht möglich, auf die Geistesgeschichte näher einzugehen, auf den großen Einfluss, den Descartes auf die Weltsicht der europäischen Intelligenz hatte, auf die vielfältigen Diskussionsbeiträge der analytischen Philosophie und auf die kontroversen Diskussionen um die Möglichkeiten einer künstlichen Intelligenz.

Zu unserem Thema: „Gibt es einen ‚Siebten Sinn'?", ist zu sagen: Auch wenn es gegenwärtig keine wissenschaftlich erhobenen Beweise für parapsychologische Phänomene gibt, sollte unser Geist, wenn auch stets kritisch bleibend, offen sein; denn niemand weiß, was auf uns zukommen wird; wir sollten auf bisher ungeahnte neue Erkenntnisse gefasst sein.

Glossar

Agent

In der Esoterik eine empfundene Person, die uns oder anderen etwas einflößt oder übersinnliche Wahrnehmungen vermittelt.

EEG

Elektroenzephalogramm: Aufzeichnung der von der angefeuchteten Kopfhaut abgreifbaren wellenförmigen Schwankungen der elektrischen Spannung, die zurückgeht auf die elektrischen Signale von Millionen bis Milliarden von oberflächennahen Nervenzellen. Das EEG ist ein Summenpotenzial gegenüber einer Referenz (z. B. der Erde, deren Potenzial als null definiert wird).

Esoterik

„Wissen der Eingeweihten". Im allgemeinen Sprachgebrauch Glaube an geheimnisvolles, „höheres" Wissen und besondere Fähigkeiten bestimmter Personen („Medien"), an geheime Botschaften und an okkulte Phänomene wie außersinnliche Wahrnehmung und an magische Objekte.

ESP

Engl.: *Extrasensory perception* = eine in der Parapsychologie hypothetisch angenommene außersinnliche Wahrnehmung wie Telepathie, Hellsehen und Präkognition.

fMRT oder fMRI

Functional Magnetic Resonance Tomography oder *Imaging* (funktionelle Magnetresonanztomografie oder -bildgebung) ist ein Verfahren, in dem in Tomografen (Tomographen), das heißt in großen trommelförmigen, mit starken Elektromagneten bestückten Geräten, die Sauerstoffaufnahme in kleinen Volumina (1 Kubikmillimeter = 1 Voxel) aktiver Gehirnbezirke gemessen und aus den Messwerten mittels des Computers im Schnittbildverfahren ein Bild der Gehirnaktivität erstellt wird.

Ganzfeldeffekt, Ganzfeldexperiment

Verfahren, bei dem eine Versuchsperson nur noch eine einheitliche, unstrukturierte Helligkeit oder Farbe zu sehen und undefinierbare Geräusche zu hören bekommt. Sie soll damit empfänglich werden für telepathisch übertragene Bilder oder Gedanken oder für Hellsehen. Durch Ganzfeldübungen werden bei manchen Personen Halluzinationen geweckt.

Halluzinationen

Trugwahrnehmungen von Bildern nach Art von (klaren) Träumen, seltener von Geräuschen (Stimmen, Musik), Gerüchen oder Berührungen, ohne äußere auslösende Reize. Die betreffende Person nimmt die Sinnestäuschung deutlicher als im Traum als reales Ereignis wahr. Ursachen können Drogen sein, krankhafte Störungen von Gehirnfunktionen oder Extremsituationen wie Trance.

Hellsehen

(Angebliches) Sehen von mit den Augen nicht wahrnehmbaren, soeben geschehenden Ereignissen, beispielsweise eines momentan sich ereignenden Unfalls.

Kognition

Gesamtheit von Wahrnehmung und Erkennen. In der Regel auf bewusstes Erkennen bezogen.

Morphisches Feld

Von dem britischen Autor esoterischer Bücher Rupert Sheldrake eingeführtes Wort für imaginäre, außersinnliche, verursachende Einflüsse vielerlei Art auf der Ebene von Molekülen bis zur Ebene von Gesellschaften und des Geistes (siehe Kap. 10).

Morphogenetisches Feld

In der wissenschaftlichen Biologie ein Areal im frühen Embryo, aus dem durch Selbstorganisation, das heißt durch eine geordnete Folge von gengesteuerten Signalsystemen, ein komplexes Gebilde wie eine Extremität oder ein Auge hervorgeht.

Parapsychologie

Von griechisch *para* = daneben, darüber hinausgehend. Eine von der Norm abweichende Art der Psychologie, die angeblich außernormale psychische Fähigkeiten und Erscheinungen wie übersinnliche Wahrnehmung, Hellsehen, Telepathie, Telekinese, Vorsehbarkeit künftiger Ereignisse in Visionen oder im Traum für möglich hält und nachzuweisen versucht. Auch wird der Versuch unternommen, ein mögliches Leben nach dem Tod mit wissenschaftlichen Methoden nachzuweisen.

PEAR

Abkürzung für Princeton Engineering Anomalies Research, ein Labor zur Erforschung möglicher parapsychologischer Fähigkeiten und nicht normaler Ereignisse.

Perzeption

Gesamtheit der Wahrnehmung vom Sinnesorgan bis einschließlich der Verarbeitung der Sinneseindrücke im Gehirn.

Phantomempfindungen

Wahrnehmung von Empfindungen der Hautsinne wie Jucken, Kribbeln, Kälte oder Wärme und von Schmerzen an einem nicht mehr vorhandenen, amputierten Körperteil oder auch Empfindung von dessen vermeintlicher Lage. Die Person empfindet ein verlorenes Körperteil, beispielsweise ein amputiertes Bein, als sei es noch vorhanden. Erklärt wird dies dadurch, dass die somatosensorischen Areale im Gehirn noch immer Meldungen der zwar verkürzten, doch immer noch funktionierenden Nervenfasern erhalten, die ihren reizaufnehmenden Teil im betreffenden Körperteil hatten.

Präkognition
Voraussehendes Wissen oder Erahnen zukünftiger Ereignisse.

Priming
Begriff der Experimentalpsychologie zur Erklärung einer unterschwelligen (unbewussten) Beeinflussung von Wahrnehmungen, Denk- und Entscheidungsprozessen. Auf Deutsch auch mit „Bahnung" (durch Bilder oder Worte) übersetzt.

Proband
Aktiver Teilnehmer eines Versuchs, menschliches Versuchskaninchen.

Psi
Abkürzung für *para sensual intelligence* = außersinnliche Wahrnehmung.

Psychokinese gleichbedeutend wie Telekinese
Telekinese von griechisch *tele* = fern und *kinein* = bewegen, angeblich berührungsfreie, durch bloße Vorstellung und Willenskraft bewirkte Bewegung eines leblosen Gegenstandes oder Einwirkung auf ein elektronisches Gerät wie einen Zufallsgenerator.

Telepathie
Von griechisch *tele* = fern und *pathein* = empfinden, mitleiden. Aktiv: gewollte oder ungewollte Übertragung von Gefühlen oder

Gedanken wie Absichten auf eine ferne Person ohne Vermittlung durch Sinnesorgane; passiv: Mitempfinden oder Mitdenken des fernen Empfängers von telepathisch übermittelten Botschaften.

Literatur[1]

Sach- und Lehrbücher, auf die Bezug genommen wird

Cavalli-Sforza L (1980) Biometrie. Grundzüge biologisch-medizinischer Statistik. Gustav Fischer, Stuttgart

Darwin C (1871) The descent of man. Jon Murray, London (Online-Fassung)

Dawkins R (2007) Der Gotteswahn, 6. Aufl. Ullstein, Berlin

Dehaene S (2014) Consciousness and the brain. Penguin Books, New York

Frings S, Müller F (2014) Biologie der Sinne. Vom Molekül zur Wahrnehmung. Springer, Berlin

Frith C (2014) Wie unser Gehirn die Welt erschafft. Springer, Berlin

Grams N (2015) Homöopathie neu gedacht. Was Patienten wirklich hilft. Springer, Berlin

Metzinger T (2014) Der Ego Tunnel. Eine neue Philosophie des Selbst: Von der Hirnforschung zur Bewusstseinsethik. Piper Verlag, München

Müller W, Hassel M, Grealy M (2015) Development and reproduction in humans and animal model species. Springer, Berlin

---

[1] Latin et al. = et alii = and other

Müller WA, Hassel M (2012) Entwicklungsbiologie und Reproduktionsbiologie des Menschen und bedeutender Modellorganismen, 5. Aufl. Springer, Berlin

Müller WA, Frings S, Möhrlen F (2015) Tier- und Humanphysiologie, 5. Aufl. Springer, Berlin

Sacks O (2000) Der Mann, der seine Frau mit einem Hut verwechselte. rororo Sachbuch18780, Ausgabe 2000

Kapitel 1 Sinne des Menschen: Appetit/ Hunger, Durst

Hussain S et al (2015) Glucokinase activity in the arcuate nucleus regulates glucose intake. J Clin Investig 125(1):337–349

Knepper M et al (2015) Molecular physiology of water balance. New Engl J Med 372(14):1349–1358

Verberne JM et al (2014) Neural pathways that control the glucose counterregulatory response. Front Neurosci 8:38

Schmecken

Feng Li (2013) Taste perception: from the tongue to the testis. Mol Hum Reprod 19(6):349–360

Shi P et al (2003) Adaptive diversification of bitter taste receptor genes in mammalian evolution. Mol Biol Evol 20(5):805–814

Riechen und Partnerwahl, Trigeminussystem

Foster SR, Roura E, Thomas WG (2014) Extrasensory perception: odorant and taste receptors beyond the nose and mouth. Pharmacol Ther 142(1):41–61

Frasnelli J et al (2011) Perception of specific trigeminal chemosensory agonists. Neurosciences 189:377–383

Kollndorfer K et al (2015) Same same but different. Different trigeminal chemoreceptors share the same central pathway. PLoS One 10(3):e0121091

Krone F et al (2013) Intrinsic chemosensory signal recorded from the human nasal mucosa in patients with smell loss. Eur Arch Oto-Rhino-Laryngol 270(4):1335–1338

Marazziti D (2011) Is androstadienone a putative human pheromone? Curr Med Chem 18(8):1213–1219

Niimura Y (2013) Identification of chemosensory receptor genes from vertebrate genomes. Pheromone Signaling. Methods Mol Biol 1068:95–105

Sergeant MJT (2010) Female perception of male body odor.Vitam Hormon 83:25–45 (Book Series)

Yamamoto K, Ishimaru Y (2013) Oral and extra-oral taste perception. Semin Cell Dev Biol 24:240–246

Hören

McCarthy-Jones S (2012) Hearing voices: the histories, causes and meanings of auditory verbal hallucinations. Cambridge University Press, Cambridge

French C et al (2009) The ‚Haunt' project: an attempt to build a ‚haunted' room by manipulating complex electromagnetic fields and infrasound. Cortex J Devot Stud Nerv Syst Behav 45(5):619–629

Nees MA, Phillips C (2015) Auditory pareidolia: effects of contextual priming on perceptions of purportedly paranormal and ambiguous auditory stimuli. Appl Cognit Psychol 29(1):129–134

Parsons S (2012) Infrasound and the paranormal. J Soc Psychical Res 76.3(908):150–173

Stratenwerth I, Bock T (1998) Hearing inner voices: messages from inner world. Kabel, Hamburg

Wiseman R, Watt C et al (2003) An investigation into alleged ‚hauntings'. Br J Psychol 94(2):195–211

Sehen, unbewusste Wahrnehmungen, Priming

Alexander I, Cowey A (2009) The cortical basis of global motion detection in blindsight. Exp Brain Res 192(3):407–411

Allen C et al (2014) The timing and neuroanatomy of conscious vision as revealed by TMS-induced blindsight. J Cogn Neurosci 26(7):1507–1518

Balderston NL et al (2014) Rapid amygdala responses during trace fear conditioning without awareness. PLoS One 9(5):e96803

Becke A, Müller N et al (2015) Neural sources of visual working memory maintenance in human parietal and ventral extrastriate visual cortex. NeuroImage 110:78–86

Begg IM, Anas A, Farinacci S (1992) Dissociation of processes in belief: source recollection, statement familiarity, and the illusion of truth. J Exp Psychol Gen 121:446–458

Berking S (2013) Evolution des Menschen. Wie entstanden unsere psychische Organisation und unser Sozialsystem? Verlag Books on Demand, Norderstedt

Bisiach E (1994) Die fehlende Hälfte. Von einem, der den Mailänder Dom nur halb sieht. NZZ (Neue Züricher Zeitung) Folio, Im Gehirn, März 1994

Brogaard B (2015) Type 2 blindsight and the nature of visual experience. Conscious Cognit Int J 32:92–103

Burnell S, Husain M (2011) Cognitive neuroscience: distinguishing self from other. Curr Biol 21(5):R189

Dehaene S (2014) Consciousness and the brain. Penguin Books, New York (Kurzfassung: Der Stoff, aus dem die Gedanken sind. Gehirn & Geist, 10/2014: 60–65, Spektrum der Wissenschaft)

Felser G (2015) Werbe- und Konsumentenpsychologie, 4. Aufl. Springer, Berlin

Gustafson NJ, Daw ND (2011) Grid cells, place cells, and geodesic generalization for spatial reinforcement learning. PLoS Comput Biol 7(10):e1002235

Harris J et al (2009) Priming effects of television food advertising on eating behavior. Health Psychol 28 (4):404–413

Hein G, Alink A, Kleinschmidt A, Müller Notger G (2009) The attentional blink modulates activity in the early visual cortex. J Cognit Neurosci 21(1): 197–206

Heinemann L, Kleinschmidt A, Müller NG (2009) Exploring BOLD changes during spatial attention in non-stimulated visual cortex. PLoS One 4(5):e5560

Hughes S et al (2015) Photic regulation of clock systems. Methods Enzymol 552:125–143

Jacobs J et al (2013) Direct recordings of grid-like neuronal activity in human spatial navigation. Nat Neurosci 16(9):1188

Johannsen L, Ackermann H, Karnath H-O (2003) Lasting amelioration of spatial neglect by treatment with neck muscle vibration even without concurrent training. J Rehabil Med 35:249–253

Leopold DA (2012) Primary visual cortex: awareness and blindsight. Annu Rev Neurosci 35:91–109

Lyttle D et al (2013) Spatial scale and place field stability in a grid-to-place cell model of the dorsoventral axis of the hippocampus. Hippocampus 23(8):729–744

Mayr S, Buchner A (2007) Negative priming as a memory phenomenon: a review of 20 years of negative priming research. J Psychol 1(215):35–51

Mecklinger A, Müller NG (1996) Dissociations in the processing of „what" and „where" information in working memory: an event-related potential analysis. J Cognit Neurosci 8(5):453–473

Melloni L, van Leeuwen S, Alink A, Müller NG (2012) Interaction between bottom-up and top-down control: how saliency maps are created in the human brain. Cereb Cortex 22:2943–2962

Melloni L, Molina C, Pena M, Torres D, Singer W, Rodriguez E (2007) Synchronization of neural activity across cortical areas correlates with conscious perception. J Neurosci 27(11):2858–2865

Melloni L, Schwiedrzik CM, Müller N, Rodriguez E, Singer W (2011) Expectations change the signatures and timing of electrophysiological correlates of perceptual awareness. J Neurosci 31(4):1386–1396

Milnik A, Nowak I, Müller NG (2013) Attention-dependent modulation of neural activity in primary sensorimotor cortex. Brain Behav 3(2):54–66

Müller NG, Donner TH et al (2003) The functional neuroanatomy of visual conjunction search: a parametric fMRI study. NeuroImage 20(3):1578–1590

Müller NG, Ebeling D (2008) Attention-modulated activity in visual cortex-more than a simple ‚spotlight'. NeuroImage 40(2):818–827

Müller NG, Kleinschmidt A (2003) Dynamic interaction of object- and space-based attention in retinotopic visual areas. J Neurosci 23(30):9812–9816

Persaud N et al (2011) Awareness-related activity in prefrontal and parietal cortices in blindsight reflects more than superior visual performance. NeuroImage 58(2):605–611

Rizzolatti G, Sinigaglia C (2008) Empathie und Spiegelneurone: Die biologische Basis des Mitgefühls. Suhrkamp, Frankfurt a. M.

Schemer C (2013) Priming, framing, stereotypes. Handbuch Medienwirkungsforschung. Springer, Berlin, S 153–169

Schmid MC, Maier A (2015) To see or not to see – Thalamocortical networks during blindsight and perceptual suppression. Prog Neurobiol (Oxford) 126:36–48

Schurger A et al (2015) Cortical activity is more stable when sensory stimuli are consciously perceived. Proc Natl Acad Sci U S A 112(16):E2083–E2092

Silvanto J (2015) Why is ,blindsight' blind? A new perspective on primary visual cortex, recurrent activity and visual awareness. Conscious Cognit Int J 32:15–32

Stewart LH et al (2012) Unconscious evaluation of faces on social dimensions. J Exp Psychol Gen 141(4):715–727

Takahashi E et al (2013) Dissociation and convergence of the dorsal and ventral visual working memory streams in the human prefrontal cortex. NeuroImage 65:488–498

Tsao DY, Livingstone MS (2008) Mechanisms of face perception. Annu Rev Neurosci 31:411–37

Teufel C et al (2015) Shift toward prior knowledge confers a perceptual advantage in early psychosis and psychosis-prone healthy individuals. Proc Natl Acad Sci U S A 112(43):13401–13406 (early edition). doi:10.1073/pnas.1503916112

Ward Emily J, Scholl Brian J (2015) Inattentional blindness reflects limitations on perception, not memory: evidence from repeated failures of awareness. Psychon Bull Rev 22 (3):722–727

Yokoyama T et al (2013) Unconscious processing of direct gaze: evidence from an ERP study. Neuropsychologia 51(7):1161–1168

Zucco GM et al (2015) From blindsight to blindsmell. Transl Neurosci 6(1):8–12

Kapitel 2 Projektion des Wahrgenommenen an den Herkunftsort des Reizes, Illusionen, „erweiterter Geist"

Adams F, Kenneth A (2008) The bounds of cognition. Blackwell, Oxford

Blanke O (2012) Multisensory brain mechanisms of bodily self-consciousness. Nat Rev Neurosci 13:556–571

Clark A (2004) Natural-born cyborgs: minds, technologies, and the future of human intelligence. Oxford University Press, Andy Clark. Amazon.com

Clark Andy (2008) Supersizing the mind: embodiment, action, and cognitive extension. Oxford: Oxford University Press.

Clark A (2015) Surfing uncertainty: prediction, action, and the embodied mind, 1. Aufl. Oxford University Press, New York. Amazon.com

Clark A, Chalmers D (1998) The extended mind. Analysis 58(1):7–19

Ferri F et al (2013) The body beyond the body: expectation of a sensory event is enough to induce ownership over a fake hand. Proc R Soc Biol Sci B 280(1765):20131140

Guterstam A et al (2011) The illusion of owning a third arm. PLoS One 6:e17208

Halligan PW et al (1993) Thumb in check? Sensory reorganization and perceptual plasticity after limb amputation. Neuroreport 4(3):233–236

Mancini F et al (2011) A supramodal representation of the body surface. Neuropsychology 49(5):1194–1201

Menary R (2010) Introduction: the extended mind in focus. In: Menary R (Hrsg) The extended mind. MIT Press, Cambridge, S 1–26

Rupert R (2004) Challenges to the hypothesis of extended cognition. J Philos 101(8):389–428

Rupert R (2009) Cognitive systems and the extended mind. Oxford University Press, Oxford

Sutton J et al (2010) The psychology of memory, extended cognition, and socially distributed remembering. Springer, Berlin

Tajadura-Jimenez A, Tsakiris M (2014) Balancing the „Inner" and the „Outer" self: interoceptive sensitivity modulates self-other boundaries. J Exp Psychol 143(2):736–744

Wilson RA et al (2011) Embodied cognition. The Stanford Encyclopedia of Philosophy

Kapitel 3 Innere Uhren

Helfrich-Förster C (2014) From neurogenic studies in the fly brain to a concept in circadian biology. J Neurogenet 28:329–347

Kapitel 4 Höchstleistungs- und Sonder- sinne von Tieren: Hunde und Erkennen von Krebs und anderen Krankheiten bei Menschen

Amundsen T et al (2014) Can dogs smell lung cancer? First study using exhaled breath and urine screening in unselected patients with suspected lung cancer. Acta Oncol (Stockholm) 53(3):307–315

Bijland LR, Bomers MK (2013) Smelling the diagnosis: a review on the use of scent in diagnosing disease. Neth J Med 71(6):300–307

Brown SW, Goldstein LH (2011) Can seizure-alert dogs predict seizures? Epilepsy Res 97(3):236–242

Buszewski B et al (2012) Analytical and unconventional methods of cancer detection using odor. Trends Anal Chem 38:1–12

Cornu J-N et al (2011) Olfactory detection of prostate cancer by dogs sniffing urine: a step forward in early diagnosis. Eur Urol 59(2):197–201

Dilks D et al (2015) Awake fMRI reveals a specialized region in dog temporal cortex for face processing. Peer J 3:e1115

Ehmann R et al (2012) Canine scent detection in the diagnosis of lung cancer: Revisiting a puzzling phenomenon. Eur Respir J 39:669–676

Luque de Castro MD, Fernandez-Peralbo MA (2012) Analytical methods based on exhaled breath for early detection of lung cancer. Trends Anal Chem 38:13–20

McCullough M et al (2006) Diagnostic accuracy of canine scent detection in early- and late-stage lung and breast cancers. Integr Cancer Ther 5(1):30–39

Vomeronasales Organ, Pheromone der Wirbeltiere, Individual- u. Familiengeruch

Chamero P et al (2012) From genes to social communication: molecular sensing by the vomeronasal organ. Trends Neurosci 35(10):597–606

Ferrero DM et al (2013) A juvenile mouse pheromone inhibits sexual behaviour through the vomeronasal system. Nature 502(7471):368–371

Petrulis A (2013) Chemosignals, hormones and mammalian reproduction. Horm Behav 63(5):723–741

Sturm T et al (2013) Mouse urinary peptides provide a molecular basis for genotype discrimination by nasal sensory neurons. Nat Commun 4:1616

Tachikawa K et al (2013) Behavioral transition from attack to parenting in male mice: a crucial role of the vomeronasal system. J Neurosci 33(22):9563

Tolokh I et al (2013) Reliable sex and strain discrimination in the mouse vomeronasal organ and accessory olfactory bulb. J Neurosci 33(34):13903–13913

Vibrationssinn

Barth FG (2014) Sinne und Verhalten, aus dem Leben einer Spinne. Springer, Berlin

Tautz J (2007) Phänomen Honigbiene. Elsevier Spektrum, München

Elektrische Felder

Clarke D et al (2013) Detection and learning of floral electric fields by bumblebees. Science 340(6128):66–69

Silny J (2002) Elektromagnetische Felder im Alltag. Landesanstalt für Umweltschutz Baden-Württemberg. Karlsruhe, Baden

Navigation von Zugvögeln, Fledermäusen, Magnetfeldwahrnehmung, Schwarmintelligenz

Armstrong C et al (2013) Homing pigeons respond to time-compensated solar cues even in sight of the loft. PLoS One 8(5):e63130

Blaser N et al (2013) Testing cognitive navigation in unknown territories: homing pigeons choose different targets. J Exp Biol 216(16):3123–3131

Blaser N et al (2014) Gravity anomalies without geomagnetic disturbances interfere with pigeon homing – a GPS tracking study. J Exp Biol 217(22):4057–4067

Fisher L (2010) Schwarmintelligenz. Wie einfache Regeln Großes möglich machen. Eichborn, Frankfurt a. M.

Jeffery K et al (2013) Navigating in a three-dimensional world. Behav Brain Sci 36(5):523–543

Lauwers M et al (2013) An iron-rich organelle in the cuticular plate of avian hair cells. Curr Biol 23(10):924–929

Mora CV, Bingman VP (2013) Detection of magnetic field intensity gradient by homing pigeons (Columba livia) in a novel „virtual magnetic map" conditioning paradigm. PLoS One 8(9):e72869

Mora C et al (2014) Conditioned discrimination of magnetic inclination in a spatial-orientation arena task by homing pigeons (Columba livia). J Exp Biol 217(23):4123–4131

Mouritsen H, Larsen O (2001) Migrating songbirds tested in computer-controlled Emlen funnels use stellar cues for a time-independent compass. J Exp Biol 204:3855–3865

O'Neill P (2013) Magnetoreception and baroreception in birds. Dev Growth Differ 55(1):188–197

Scudellari M (2012) Pigeon GPS identified – a population of neurons in pigeon brains encodes direction, intensity, and polarity of the Earth's magnetic field. The Scientist (26. April 2012)

Tian L-X et al (2015) Bats respond to very weak magnetic fields. PLoS One 10(4):e0123205

Wallraff HG (2015) An amazing discovery: bird navigation based on olfaction. J Exp Biol 218:1464–1466

Wiedererkennen eines Ortes, place cells, grid cells

Cohen N (2015) Navigating life. Hippocampus 25(6):704–708

Craig MT, McBain CJ (2015) Navigating the circuitry of the brain's GPS system: future challenges for neurophysiologists. Hippocampus 25(6):736–743

Knierim J (2015) From the GPS to HM: place cells, grid cells, and memory. Hippocampus 25(6):719–725

Vorherwahrnehmung von Erdbeben und Vulkanausbrüchen

Arora BR et al (2012) Multi-parameter geophysical observatory: gateway to integrated earthquake precursory research. Curr Sci (Bangalore) 103(11):1286–1299

Thériault R et al (2014) Prevalence of earthquake lights associated with rift environments. Seismol Res Lett 85:159–178

Kapitel 5 Sprache und Sprachverständnis bei Tieren

Birmelin I (2012) Von wegen Spatzenhirn! Die erstaunlichen Fähigkeiten der Vögel. Franckh Kosmos Verlag, Stuttgart

Crockford E et al. (2015) An intentional vocalization draws others attention. Anim Cognit 18(3):581–591

Kalan Ammie K, Mundry R, Boesch C (2015) Wild chimpanzees modify food call structure with respect to tree size for a particular fruit species. Anim Behav 101:1–9

Kaminski J, Call J, Fischer J (2004) Word learning in a domestic dog: evidence for „Fast Mapping". Science 11:1682–1683

Lögler P (1959) Versuche zur Frage des „Zähl"-Vermögens an einem Graupapagei und Vergleichsversuche an Menschen. Z Tierpsychol 16(2):179–217

Pepperberg I (2009) Alex und ich: Die einzigartige Freundschaft zwischen einer Harvard-Forscherin und dem schlausten Vogel der Welt. mvg-verlag, München

Roberts AI et al (2014) The repertoire and intentionality of gestural communication in wild chimpanzees. Anim Cognit 17(2):317–336

Rütsche B, Meyer M (2010) Wie der Mensch zur Sprache kam. Z Neuropsychol 21(2):109–125

Schel AM et al (2013) Chimpanzee food calls are directed at specific individuals. Anim Behav 86(5):955–965

Todt D, Goedeking P (Hrsg) (1988) Primate vocal communication. Springer, Berlin

Van Der Zee E, Zulch H, Mills D (2012) Word generalization by a dog (*Canis familiaris*): is shape important? PLoS One 7(11):e49382

Kapitel 6 und 7 Der „siebte Sinn" der Tiere und des Menschen: Übersinnliche Wahrnehmungen, Psiphänomene, Telepathie

Alcock J (2003) Give the null hypothesis a chance. In: Alcock J, Burns J, Freeman A (Hrsg) Psi wars – getting to grips with the paranormal. Imprint Academic, Charlottesville, S 29–50

Alcock J (2011) Back from the future: parapsychology and the Bem Affair. Skept Inq 35:31–39

Bauer E Schetsche M (Hrsg.) (2011) Alltägliche Wunder. Erfahrungen mit dem Übersinnlichen, wissenschaftliche Befunde (Grenzüberschreitungen), Bd 2, 2. Aufl. Ergon-Verlag, Würzburg (Parapsychologie)

Bösch H et al (2006) Examining psychokinesis: the interaction of human intention with random number generators – a meta-analysis. Psychol Bull 132(4):497–523

Carroll RT (2005) Becoming a critical thinker. A guide for the new millennium, 2. Aufl. Barnes & Noble Publisher, Boston.

Carroll RT (2014) „Ganzfeld". The skeptic's dictionary. www.skepdic.com

Drösser C (2000) Würfeln mit dem Hirn, Naturwissenschaftler erforschen Phänomene der Dritten Art. Die Zeit 26 (Bericht über die Experimente der PEAR-Gruppe und die gescheiterten Versuche, ihre Ergebnisse zu reproduzieren)

Dunning B (2013) Ganzfeld experiments. Skeptoid podcast. Skeptoid media, Inc. Retrieved November 1, 2013

French C, Stone A (Hrsg) (2014) Anomalistic psychology: exploring paranormal belief and experience. Palgrave MacMillan, London

Havener T (2009) Ich weiß, was du denkst. Das Geheimnis, Gedanken zu lesen. Rowohlt, Reinbek

Hyman R (2007) Cold reading. Skept Z Wiss Krit Denk 4–12

Hyman R (2010) Meta-analysis that conceals more than it reveals. Psychol Bull 136(4):486–490 (Comment on Storm et al.)

Kohn A (1978) Errors, fallacies or deception. Perspect Biol Med 21(3):420–430

Kraft U (2011) Auf der Jagd nach dem Psi-Faktor. Gehirn Geist 2:74–82

Moskowitz M (2008) Gedanken lesen. Erkennen, was andere denken und fühlen. Pendo, München

Parker A, Sjödén B (2010) The effect of priming of the film clips prior to ganzfeld mentation. Eur J Parapsychol 25:76–88

Pütz P, Gäßler M, Wackermann J (2007, 2008) An experiment with covert ganzfeld telepathy. Eur J Parapsychol 22(1):49–72 (Deutsch: Ein Experiment mit „verborgener" Ganzfeld-Telepathie. Z Anom 8(1–3):10–31 (2008))

Richards A et al (2014) Inattentional blindness, absorption, working memory capacity, and paranormal belief. Psychol Conscious Theory Res Pract 1(1):60–69

Rizzolatti G, Sinigaglia C (2008) Empathie und Spiegelneurone: Die biologische Basis des Mitgefühls. Suhrkamp, Frankfurt a. M.

Rosenthal R (1998) Covert communication in classrooms, clinics, and courtrooms. Eye Psi Chi 3(1):18–22

Rosenthal R, Fode KL (1963) The effect of experimenter bias on the performance of the albino rat. Behav Sci 8:183–189

Rouder JN et al (2013) A bayes factor meta-analysis of recent extrasensory perception experiments. Psychol Bull 139:241–247 (Comment on Storm, Tressoldi, and Di Risio (2010))

Schlitz M, Wiseman R, Watt C, Radin D (2006) Of two minds: sceptic-proponent collaboration within parapsychology. Br J Psychol 97(3):313–322

Schmidt S et al (2004) Distant intentionality and the feeling of being stared at: two meta-analyses [Intentionalität aus der Entfernung und das Gefühl, angestarrt zu werden: Zwei Metaanalysen]. Br J Psychol 95:235–247

Sheldrake R (1983, 1910) A new science of life. Blond & Briggs Ltd., London. (Deutsche Ausgabe: Das schöpferische Universum. Die Theorie des morphogenetischen Feldes, 4. Aufl. Nymphenburger-Verlag.de, München 2010)

Sheldrake R (1998) The sense of being stared at: experiments in schools. J Soc Psychol Res 62:311–323

Sheldrake R (2011a) Der siebte Sinn der Tiere. Warum ihre Katze weiß, wann Sie nach Hause kommen und andere bisher unerklärte Fähigkeiten der Tiere, 4. Aufl. Fischer Taschenbuch Verlag, Frankfurt a. M. (Englisches Original: Dogs that know when their owners are coming home (Hunde, die wissen wenn ihre Besitzer nach Hause kommen). Crown Publishers, New York 1999)

Sheldrake R (2011b) Der siebte Sinn des Menschen: Gedankenübertragung, Vorahnungen und andere unerklärliche Fähigkeiten, 3. Aufl. Fischer Taschenbuch Verlag, Frankfurt a. M. (Englisches Original: The sense of being stared at (Der Sinn, angestarrt zu werden) Crown Publishers, New York 2003)

Sheldrake R (2012) Der Wissenschaftswahn. Warum der Materialismus ausgedient hat. Verlag OW Barth, München

Sheldrake R, Morgana A (2003) Testing a language-using parrot for telepathy. J Sci Explor 17(4):601–616

Sheldrake R, Smart P (2000) A dog that seems to know when its owner is returning home: videotaped experiments and observations. J Sci Explor 14:233–256

Smith MD (2003) The role of the experimenter in parapsychological research. In: Alcock J, Burns J, Freeman A (Hrsg) Psi wars – getting to grips with the paranormal. Imprint Academic, Charlottesville, S 69–84

Wackermann J, Puetz P, Allefeld C (2008) Ganzfeld-induced hallucinatory experience, its phenomenology and cerebral electrophysiology. Cortex 44(10):1364–1378

Watt C et al (2014) Psychological factors in precognitive dream experiences: the role of paranormal belief, selective recall and propensity to find correspondences. Int J Dream Res 7(1):1–8

Watt C, Wiseman R, Vuillaume L (2015) Dream precognition and sensory incorporation: a controlled sleep laboratory study. J Conscious Stud 22:172–190 (in press)

Wiseman R (1997) Deception and self-deception: investigating psychics. Prometheus Press, Amherst

Wiseman R (2012) Paranormalität: Warum wir Dinge sehen, die es nicht gibt. Fischer, Frankfurt a. M. (Original: Paranormality: why we see what isn't there. Pan Macmillan 2011)

Wiseman R, Morris RL (1995) Guidelines for testing psychic claimants. Prometheus Books, Amherst

Wiseman R, Schlitz M (1997) Experimenter effects and the remote detection of staring. J Parapsychol 61:197–207

Wiseman R, Smith M, Milton J (1998) Can animals detect when their owners are returning home? An experimental test of the ‚psychic pet‘ phenomenon. Br J Psychol 89(3):453–462

Wiseman R, Smith MD, Milton J (2000) The ‚psychic pet‘ phenomenon: a reply to Rupert Sheldrake. J Soc Psych Res 64(858):46–50

Wiseman R, Watt C (2005) Parapsychology. Ashgate International Library of Psychology, London (Series Editor, Prof. David Canter)

Wiseman R, Watt C et al (2003) An investigation into alleged ‚hauntings‘. Br J Psychol 94(2):195–211

Wolf C (2011) Weißt du was du denkst? Gehirn Geist 6:22–25

Kapitel 9 und 10

Kapitel 9.4.1 Gedächtnismoleküle

Kohn A (1978) Errors, fallacies or deception. Perspect Biol Med 21(3):420–430

Malin D (1974) Synthetic scotophobin: analysis of behavioral effects on mice. Pharmacol Biochem Behav 2:147–153

Setlow B (1997) Georges Ungar and memory transfer. J Hist Neurosci 6(2):181–192

Ungar G (1973) The problem of molecular coding of neural information. Naturwiss 60(7):307–312

Ungar G (1974) „Die Sache kann Folgen haben" (Interview). Bild Wiss 11(8):45, Stuttgart

Wojcik M, Niemierko S (1978) The effect of synthetic scotophobin on motor activity in mice. Acta Neurobiol Exp (Warsaw) 38:35–48

Kapitel 10.1 Morphogenetische Felder

Meinhardt H (1982) Models of biological pattern formation. Academic, London

Zhang Y-T, Alber MS, Newman S (2013) Mathematical modeling of vertebrate limb development. Math Biosci 243(1):1–17

Kapitel 10.3 Gottes Gen

Hamer D (2005) The god gene: how faith is hardwired into our genes. Anchor Books

Kapitel 10.4 Altruismus

Axelrod R (2006) The evolution of cooperation. New York, Basic Books (revised edition)

Darwin C (1871) The descent of man, and selection in relation to sex. John Murray, London (online-Fassung)

Dawkins R (1994) Das egoistische Gen. Spektrum Akademischer, Heidelberg

Kapitel 11 Außerkörperliche Erlebnisse, Nahtoderfahrungen

Arzy S et al (2006) Induction of an illusory shadow person. Nature 443:287

Arzy S, Molnar-Szakacs I, Blanke O (2008) Self in time: imagined self-location influences neural activity related to mental time travel. J Neurosci 28(25):6502–6507

Aspell JE, Lenggenhager B, Blanke O (2012) Multisensory perception and bodily self-consciousness: from out-of-body to inside-body experience. In: Murray MM, Wallace MT (Hrsg). The neural bases of multisensory processes. CRC Press, Boca Raton

Blanke O (2012) Multisensory brain mechanisms of bodily self-consciousness. Nat Rev Neurosci 13:556–571

Blanke O, Arzy S (2005) The out-of-body experience: disturbed self-processing at the temporo-parietal junction. Neuroscientist 11(1):16–24

Blanke O, Metzinger T (2009) Full-body illusions and minimal phenomenal selfhood. Trends Cognit Sci 13:7–13

Blanke O et al (2005) Linking-out-of-body experience and self processing to mental own-body imagery at the temporoparietal junction. J Neurosci 25(3):550–557

Blanke O et al (2014) Neurological and robot-controlled induction of an apparition. Curr Biol 24(22):2681–2686

Bókkon I, Mallick BN, Tuszynski JA (2013) Near death experiences: a multidisciplinary hypothesis. Front Hum Neurosci 7:533

Cassaniti JL, Luhrmann TM (2014) Cultural kindling of spiritual experiences. Curr Anthropol 55(10):333–343

Ehrsson HH (2007) The experimental induction of out-of-body experiences. Science 317(5841):1048

Faivre N, Salomon R, Blanke O (2015) Visual consciousness and bodily self-consciousness. Curr Opin Neurol 28(1):23–28

Heydrich L, Blanke O (2013) Distinct illusory own-body perceptions caused by damage to posterior insula and extrastriate cortex. Brain 136(3):790–803

Ionta S et al (2011) Multisensory mechanisms in temporo-parietal cortex support self-location and first-person perspective. Neuron 70:363–374

Lenggenhager B et al (2007) Video ergo sum: manipulating bodily self-consciousness. Science 317(5841):1096–1099 (Washington, DC)

Mancini F et al (2011) A supramodal representation of the body surface. Neuropsychology 49(5):1194–1201

Maselli A, Slater M (2013) The building blocks of the full body ownership illusion. Front Hum Neurosci 7:83

Mohr C, Blanke O (2005) The demystification of autoscopic phenomena: experimental propositions. Curr Psychiatry Rep 7(3):189–195

Nelson KR (2014) Near-death experience: arising from the borderlands of consciousness in crisis. Rethinking mortality: Exploring the boundaries between life and death. Ann New York Acad Sci 1330:111–119 (Book Series)

Pfeiffer C, Schmutz V, Blanke O (2014) Visuospatial viewpoint manipulation during full-body illusion modulates subjective first-person perspective. Exp Brain Res 232(12):4021–4033

Paulson S et al (2014) Experiencing death: an insider's perspective. Rethinking mortality: exploring the boundaries between life and death. Ann New York Acad Sci 1330:40–57 (Book Series)

Rognini G et al (2013) Visuo-tactile integration and body ownership during self-generated action. Eur J Neurosci 37(7):1120–1129

Schutter DJ et al (2006) A case of illusory own-body perceptions after transcranial magnetic stimulation of the cerebellum. Cerebellum 5(3):238–40

Schwabe L et al (2009) The timing of temporoparietal and frontal activations during mental own body transformations from different visuospatial perspectives. Hum Brain Mapp 30(6):1801–1812

Stichwortverzeichnis

Printed in the United States
By Bookmasters